鳥のお医者さんの「発情」の教科書

横浜小鳥の病院院長
海老沢 和荘

Textbook of Bird's Reproductive Behavior

はじめに

日々の暮らしのなかで、私たちは鳥たちがもたらす喜びや癒しに心を奪われます。優雅に飛び跳ね、繊細な歌声を奏でる彼らは、安らぎと楽しさをもたらしてくれる大切な存在です。しかし、私たちは果たして飼い鳥のことをすべて把握できているでしょうか。とりわけ、鳥の性の問題は長年おろそかにされてきたのではないかと感じています。すぐに性成熟を迎えて「おとな」になる彼らの生態について理解を深める必要があるはずです。驚かれる方もいらっしゃいますが、鳥たちは「性衝動」というものも抱えています。

長年、鳥の診療を行ってきましたが、鳥は生殖器疾患がほかの動物に比べて非常に多く見られます。その背景については本書で詳しく触れますが、発情と生殖器疾患の発症率は密接な関係にあるのです。これまでに鳥の性と発情に関しての知識が正しく発信されてこなかったために、多くの鳥たちが病気を患ってきました。健康に長生きしてもらうには、適切な知識が必要です。鳥たちの健康を守り、末永く一緒に過ごせることを願い、筆を執ることにしました。

本書は、鳥の発情に関する知識を体系的に学ぶための教科書です。鳥の発情について生理学、行動学、病理学、倫理学などさまざまな側面からの解説を試みました。発情抑制対策については、より具体的な方法や知識を応用するための実践例も極力示しました。これらの発情に関する知識は、鳥の生命の本質を尊重し、発情に関連する病気や問題行動の予防や治療に導いてくれるはずです。

そして、この本が鳥たちの発情に対する理解が深まり長生きする一助となること、飼い主さんが鳥たちとの深い絆を築き、共に過ごす喜びをより一層豊かなものにしてくれることを願っています。

横浜小鳥の病院院長　海老沢和荘

CONTENTS

3章
発情抑制につながる暮らし方

1章

鳥の体・性の話

鳥の「発情」とは何か

一般的に発情とは、動物の繁殖行動に関連する生物学的な現象で、繁殖のために性的に活発になる時期や状態のことを指します。鳥の発情は、さまざまな条件に応じて起こりますが、そのパターンやタイミングは鳥種によって異なります。野生で暮らす鳥とペットとして飼われている鳥、通称「飼い鳥」では環境が大きく異なるため、ひとくくりに考えるのも難しい問題です。本書は、これまであまり語られてこなかった「飼い鳥の発情」について、科学的な解説をもとに、飼育下の鳥たちにとってのより良い暮らし方の提案を試みます。

鳥は発情が始まると、巣づくり・求愛行動・産卵・抱卵・子育て（育雛）……と繁殖活動を順番に展開し、次世代を育てるために自身の心身を変化させます。こうしたステップのすべてが、鳥類の進化と生存戦略を叶えているのです。発情とい

うメカニズムは、鳥類の種の存続に大いに貢献しているといえるでしょう。発情と繁殖活動は、私たちを魅了してやまない鳥類が誇る、美しい生命活動の一部なのです。

発情は悪いこと？

「発情は悪いことだからやめさせた方が良いのでしょうか」という質問をいただくことがあります。「良い」「悪い」ではなく、「今の鳥の体に発情が必要なのか」という視点に切り替えてみましょう。

野生下において鳥が発情し、繁殖行動を行うのは自然なことであり、繁殖し、種を存続させるためには発情は大事なことです。発情がなければ子孫を残すことができません。

ところが、ペットとして飼われる鳥たちのほとんどは、繁殖を行いません。ブリーダーさんたちは特別な知識や経験を持った人が多く、また、複数の命を育てる環境も整っており、ペットとして飼うこととはまた別の話になります。本書ではペットとして飼われる鳥の発情に対してのみを対象とすることも、ここで明言したいと思います。

話を飼い鳥に戻しましょう。鳥の祖先がずっと飼い鳥だったとしても、生き物としての本能は消えることがありません。発情は自分で止められるわけではなく、ヒナの時にどう育てられたとか、そういった問題でもありません。発情は鳥自身ではコントロールできないのです。

オスとメスで体への影響が異なる

発情を考えるうえで常に念頭に置いておきたいのが、性別の話です。オスとメスでは繁殖に携わる役割が異なります。

オスは繁殖では精子をつくる役割を担い、メスはそれを受精して体内に卵をつくり、小さな排泄孔から産みます。この一連の流れを考えると、オスは精子をつくるために必要なリソース（資源）がメスに比べてぐっと少なく、体の負担も比較的軽いといえるでしょう。もちろん5章で詳しく解説するように、オスにも発情によって引き起こされる病気はあります。しかし一般的にはメスに比べて限定的で、メスほど発情によって性ホルモンが乱れることもありません。オスにはより多くの遺伝子をたくさんのメスに与えようという本能が組み込まれているため、発情期になれば強い性衝動（性欲）をもって、疑似的な交尾行動（自慰行為）をするようになります。これによって射精すると性衝動は一時的には収まりますが、すぐに回復してしまいます。本来の繁殖ならば育雛期に強い性衝動は軽減しますが、飼い鳥のオスの場合は一生のほとんどが発情期です。これはオスが満たされない性衝動を生涯抱え続けることを意味します。発情対策を行うことで「性衝動を我慢する、欲求不満が続く一生」から、「発情と繁殖の欲求を抑えた、不満の少ない・辛さを緩和した一生」にできるのです。オスの発情対策は精神的なケアとしての役割が大きいかもしれません。

一方、発情で一番問題が大きいのはメスです。発情の結果として産卵を繰り返し、寿命が短くなる要因になります。産卵は心身への影響・負担が大きく、卵をつくるためにタンパク質、脂質、カルシウムといったリソースを多量に消費します。産卵しなかったとしても継続して発情が続くと、腫瘍を含む生殖器疾患の原因にもなります。メスはオスがいなくても人や物をペアと認識し、交尾せずに無精卵を産卵するため、1羽飼いだからといって安心はできません。

動物福祉の観点から

鳥にとって、発情が常に起きる状態というのは、近年注目されている「動物福祉（アニマルウェルフェア）」を低下させることにつながります。動物福祉とは畜産分野から生まれた言葉で、私たち人間が動物を食肉などに利用することを経て生まれました。古くは「いずれ食肉にしてしまうのだからどんな飼い方でもかまわない」とされていましたが、やむを得ない動物利用であったとしても「動物を苦しませてはいけない」という動物福祉の考え方が、現在では広く浸透しています。ペットも言ってみれば動物利用のひとつです。鳥たちを生殖器疾患の発症や性衝動の我慢などで苦しませるようなことはやってはいけない、そうした考えを大前提として鳥の発情抑制を行います。特にメスは、長生きと病気の発生予防のために、持続可能な方法で発情に影響を与える要因を管理する努力が必要です。

このような話を聞くと逆に繁殖をさせたほうが鳥は幸せなのではないかと考える方もいるかもしれません。確かに本能に従った繁殖で、鳥が一時的に満足感を得る可能性はあります。しかし一回の繁殖だけで、その後生涯ずっと鳥の満足が継続するわけではありません。繁殖が終われば、次の発情期がやってきます。かといって繁殖を連続して行うことは、もちろん大きな負担がかかります。発情抑制対策の基本は性衝動の我慢ではなく、性衝動自体を起こさないことです。これらが結果として、生殖器疾患の予防につながります。

鳥の性衝動を理解する

　飼い主さんの多くは、鳥を「我が子のようにかわいがる」と表現することがよくあると思います。目に入れても痛くないくらいに愛おしい存在ですよね。しかし、その言葉通りに捉えるのは危険です。発情するということは、鳥はもう子どもではありませんし、性成熟を迎えて成鳥になっているはずです。場合によっては、「我が子」はすでにおじさんだったり、おばさんだったり、もっとお年寄りのケ

ースもあります。鳥はほとんど見た目の老化を迎えない珍しい生き物で、いつまでも愛らしい存在ですが、それでもずっと「子ども」なわけではありません。「おとな」として繁殖をする本能をもっているのです。

ただし、ここで勘違いしてはいけないのが、鳥は子どもが欲しくて発情しているのではないということです。性交渉の結果、子どもができると知っているのは人だけです。本能の欲求に従った行動の結果を動物は知りません。発情によってわき起こる性衝動は、性交渉である交尾をしたいという欲求までです。その結果卵が生まれることも鳥は熟知しているとは言い切れません。しかし卵を見ると、本能によって温めたくなる欲求が出ます。しかしまた、温めるとヒナがかえることやその仕組みを知っているわけでもありません。結果、生まれたヒナを見たり、鳴き声を聴くとまた本能に従い、エサを与えたくなるのです。遺伝子には「子どもをつくるべし」という大まかな指示ではなく、「交尾せよ」「抱卵せよ」「育雛すべし」といったそれぞれのステージにおいて各欲求が出るように組み込まれているのです。よって発情抑制の目的は、交尾したい欲求である「性衝動」を抑えることが目的ということになります。

鳥は「外科的去勢」ができない

犬や猫は適齢期になると発情をさせないために「外科的去勢」を行います。メスなら避妊手術、オスなら去勢手術と一般的に呼ばれるものです。性成熟を迎える頃に手術を行うことで体の負担や病気の発症リスクを減らすという狙いや、性衝動を抑えることで人と暮らしやすくするという側面もあります。

ところが鳥はこの外科的去勢が容易にはできません。メスは特に困難です。鳥類は体の構造が哺乳類と異なるため、術式が容易ではないのです。鳥類の卵巣は、

オスの生殖器（発情時）

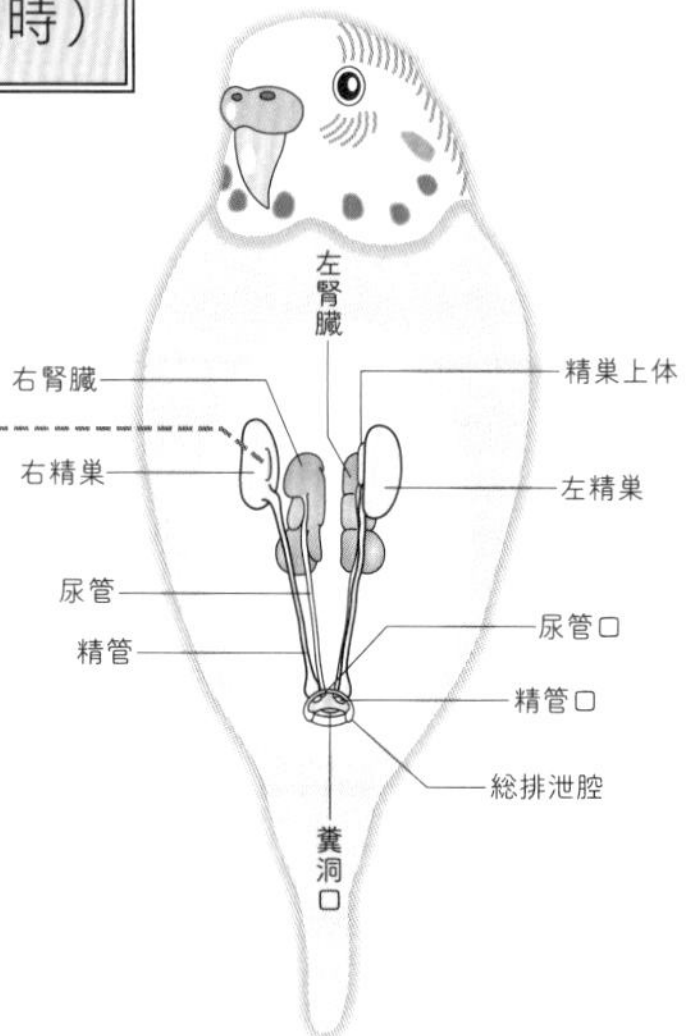

精巣靭帯

靭帯を切断して精巣を裏返し、わかりやすく図示したもの。
靭帯を切断すれば精巣を摘出することができるが、すぐ下に腎臓と腹大動脈と下大静脈があるため、手術リスクが高い。

メスの生殖器（発情時）

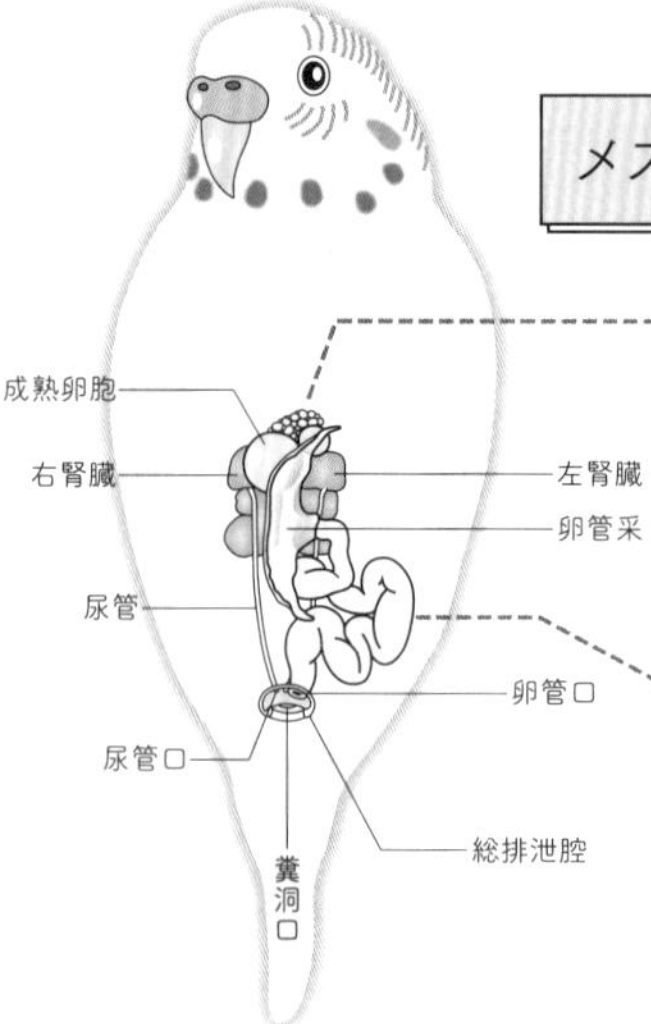

卵巣

卵巣は背中にくっついているため手術で摘出することができない。取ろうとすると、腎臓や副腎、腹大動脈を傷つけてしまう。

卵管

卵管は背中にくっついているわけではなく、背側間膜を切断すると摘出することができる。

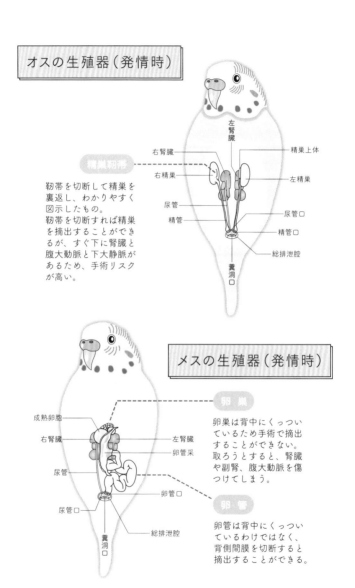

背中の腹膜にべったりとくっついたような構造になっており、どんなに工夫してもきれいに取れる形をしていません(18ページ参照)。オスの場合は去勢可能ですが、哺乳類のように精巣が体の外部にないため、お腹の小さな切開創《せっかいそう》から手技を行わなければならず、高度な技術が必要です。出血のリスクや術後の腸のぜん動に障害を残す可能性があり、かなりのリスクを伴います。手術が犬や猫のように低リスクであれば行ってもいいと思いますが、なかなかオスの外科的去勢を執り行うのは難しい状況にあります。

このため、鳥の性衝動を抑制し、体の負担と生殖器疾患の発症率を下げるには日常生活での発情抑制が必要になってきます。抑制の方法は3章で具体的に触れますが、いずれも飼い主さんのがんばりが必要です。慣れないうちは飼い主さんも辛く感じることが多いかもしれません。現在もそうしたお悩みの声はたくさん耳にします。しかし、なぜそんなに抑制が難しいかというと、鳥にとって発情の結果である繁殖こそが、生きる目的と直結しているからです。

どの程度の発情から対策をすべき？

先に解説した通り、繁殖をしない鳥にとっては、発情は必要ないものです。特にメスは理想を言えばまったく発情しない方がよいのです。

野生では年に1～2回繁殖するので、年にそれぐらいならば飼い鳥の自然な発情として許容できるといえそうです。ただし、メスの場合は1回の発情期は2～3週間ほど。なので年に2～3週間×2回の発情が、体に問題がないと考えられる許容範囲と回答できるギリギリのところだと考えます。ちなみに、フィンチ類は2週間、インコ・オウム類は3週間ほどが目安です。しかしこれは実際にメス鳥と暮らす方にとって、非常に厳しい数字なのではないでしょうか。

ただしまったく発情せず、かつ肥満でなければ、発情対策をする必要はありません。もちろん後述するように、血液検査や健康診断で発情由来の病気や体の異変が見つかっている場合は、回数に関係なく治療や対策を行いましょう。

「まったく卵を産まなかった鳥と産卵をしている鳥のどちらが健康で長生きなのか」という質問も多くいただきますが、残念なことにそのような研究報告は未だありません。これは鳥の寿命が長く、完全に発情抑制した状態を長期に維持することが難しく、比較研究が進んでいないためです。しかし、卵がメスの体のリソースを多く消費する事実から考えれば、産まないに越したことはないでしょう。

我々獣医師がなぜ鳥の発情対策を飼い主さんに推奨するかといえば、発情が引き起こす生殖器疾患がとても多いからです。そして、そのために命を落とすケースを本当にたくさん見てきました。発情対策をすることで、より多くの鳥の命を救えるという確信があります。

鳥は発情対策しながら飼う生き物

メス鳥の発情対策の終わりは、発情行動が見られなくなり、レントゲン検査・血液検査上でも発情所見が見られなくなった時です。気をつけたいのは、発情行動が見られなくても、実際には軽度な発情が続くこともあるので、詳しい検査で確認が必要です。また、家庭で行う発情抑制の主な対策は、食事制限であり、発情しなくなっても肥満するようであれば、食事制限は続ける必要があります。飼い主さんのなかには、対策を続けるのが辛いという意見もありますが、健康で長生きすることを目指すのであれば、飼い鳥とは発情対策が必要なペットなのです。これは、鳥のサイズに関係ありません。大型インコ・オウム類においても基本的には同じと考えましょう。

間違った抑制方法に注意を

発情抑制については、これまでさまざまな方法が試行錯誤されてきました。その中には、先に述べた動物福祉の観点を度外視したものも多くあります。例えば昔から言われているのが、「発情行動を見つけたらやめさせる」です。発情行動がどんなものかは2章で詳しく触れますが、オスはお尻をスリスリする、吐き戻し、メスなら交尾受容体勢などがあります。これらは行動だけを止めさせても発情を抑制する効果はなく、じゃまをされることで強いストレスになる可能性があります。これらの行動は、鳥がすでに発情期に入ってしまっていることを表すサインです。飼い主さんはこうした行動が見られたら3章で紹介する発情抑制対策に取り組む、または見直すことが必要なのです。

発情抑制の基本的な考え方と目標

　ここからは少し生物学的な知識を交えつつ、発情抑制の根幹となる考えを紹介します。地球上には鳥だけでなくさまざまな生物が存在しますが、ある角度から見ると、どの生物も基本的に行っていることは同じです。それが「自己保存」と「自己複製」です。「自己保存」は生物学では食物を摂取し、危険を避けて自分の命を守るという意味です。「自己複製」とは細胞分裂やDNAの複製によって自己を複製し、生殖することを指します。
　この2つが本能として遺伝子に組み込まれているアルゴリズムです。自己保存は生き残るための本能であり、自己複製は繁殖にあたります。この2つの本能で生物はより環境に適し、より有利に繁殖できるようにと進化してきました。生き物の本能のなかでも、自己保存は最優先事項です。自分が余裕をもって生き残ることができるほど食物がある場合に、生物は自己複製である繁殖を行います。これが発情抑制の根幹であり、食事量を鳥自身が生きていける分だけに制限することで、自己複製本能を起こさせないようにするのです。

発情抑制の目標はメスとオスで大きく異なります。メスは発情を完全に止めることができるため、発情させないことが目標です。オスの発情を飼育下では完全に止めることはできないので、なるべく性衝動を抑えることを目標としましょう。

発情抑制は効果的、かつ科学的根拠のある方法で

これらのことも含めて、最も効果があると感じている発情対策は食事制限です。鳥は繁殖期には多くのエネルギーを必要とします。食物の利用可能性が発情に影響を与えているのです。実際に、野生においても干ばつや水害などによって食物

が十分に手に入らない年は、繁殖率が低下します。また、以前は発情対策として「生活時間を調整すること」が最も行われていましたが、これだけでは効果が十分ではありませんでした。研究が進み、10年ほど前に食事制限が行われはじめてからは、発情の頻度が明らかに減少し、臨床の現場でも腹壁ヘルニアや卵詰まりなどでの開腹手術がぐんと減りました。

そして、どうしても家庭での飼育法だけで発情がおさまらない場合には、薬による治療が可能です。近年では、さまざまな研究により、雌雄ともに効果的なホルモン療法薬がわかってきました(4章参照)。本書を参考にしながら、各家庭や鳥の個性・健康状態に適した発情対策を模索してみてください。

Column

飼い主さんのお悩み一問一答

子どもと鳥はいつも仲良く遊んでいますが、最近、子どもの手にスリスリをするようになりました。「何してるの？」と聞かれるのですが、どう説明したらいいでしょうか。

（文鳥♂の飼い主さんより）

小さいお子さんがいる家庭では、発情行動の説明に悩まれることも多いでしょう。子どもに説明する際は、「鳥がおとなになったからやる自然なこと」「鳥の体がおとなになって、動物としての本能にしたがって子どもを残そうとしている」などのように伝えましょう。自然な行動であると話すのがポイントです。悪いことやネガティブな印象を与えてしまうと、お子さん自身の性教育にも悪影響を与えてしまいます。

なるべく詳細な説明は控え、子どもの年齢や理解度に合わせて事実のみを伝えましょう。たとえばオスの交尾行動（スリスリ）の説明は「鳥さんは子どもをつくるときにオスはメスの上に乗ってお尻どうしをくっつけるんだよ。ピーちゃん（鳥の名前）は、●●ちゃん（子どもの名前）の手をメスだと思っているんだね」などと伝えるのがよいと思います。

　そして「●●ちゃんの手をメスだと勘違いさせないように、ピーちゃんがこういうことをしようとしているときには、手を見せないようにしてね」と伝えるとよいでしょう。子どもには、鳥と人が共に生きることの大切さをまず理解してもらいます。そして、鳥の行動に対して適切な距離を保つよう促すことが重要です。

2章

発情期を理解しよう

発情のサイクルを知ろう

鳥の繁殖期＝発情期ではありません。発情期は繁殖期の最初の一時期であることを覚えておきましょう。繁殖期のどの段階にいるかによって鳥の行動は異なります。うちの子は今どの段階にいるのかを常に見極めましょう。発情行動が何かわからないという方は、鳥種によっても異なるため本章や巻末付録を参考にしてみてください。本章では、各段階の行動や身体的変化につい

鳥の繁殖ステージ

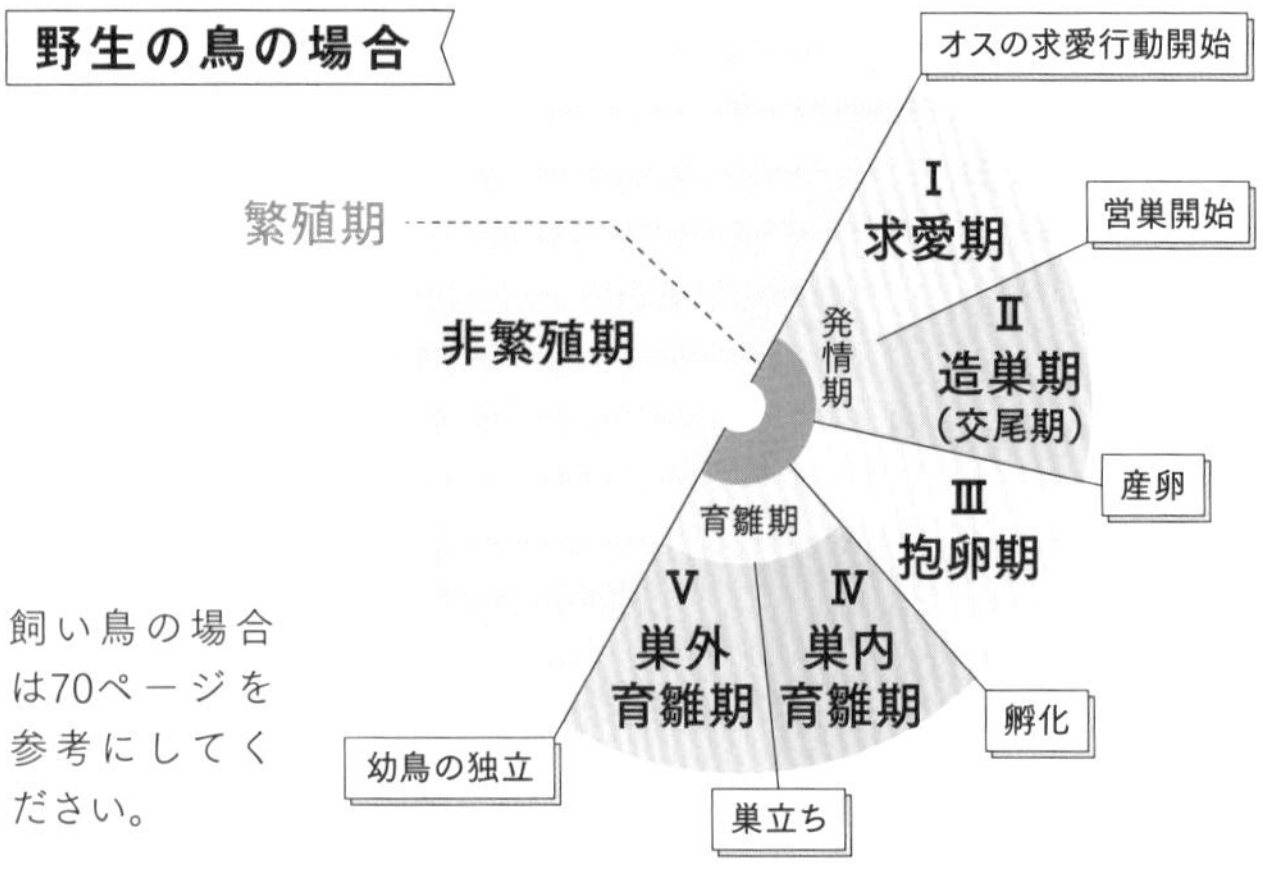

飼い鳥の場合は70ページを参考にしてください。

てオス・メスそれぞれに解説します。

繁殖期

繁殖期は30ページの図の通り、複数のサイクルを含めた広義的な呼び方です。求愛して交尾をする時期、卵を産んで温める抱卵期、そしてヒナがかえると育雛期。ここまでを繁殖期と呼び、子育てが終わって巣立つと非繁殖期に入ります。野生ではこれらのサイクルを繰り返します。

野生での繁殖期は年に1回、食物が十分に得られる環境であれば非繁殖期を挟まずに連続して年に2回のケースが多く見られます。干ばつや洪水などで食物が十分に得られない場合は、繁殖しない場合もあります。しかし、飼育下だと抱卵させないことも多く育雛期もないため、体力に余裕があるとすぐに発情のサイクルに入ってしまいがちです。発情を繰り返し、慢性発情になることが多いのです。

けれど、だからといって「繁殖をさせた方が良い」と捉えないよう、ご注意ください。時折、「何個も卵を産むから産ませてあげたい」と、抱卵させてヒナをかえそうとする方がいます。しかし、ヒナがより健康に成長するには、親の栄養状態はとても重要です。何度も産んでいる場合は親の栄養が枯渇しており、卵に十分な栄養が蓄えられていない可能性があります。また抱卵状態が良くないと形態異常などで生まれたり、健康状態が悪い可能性もあります。そして孵化したとしても、親鳥がさらにその親から早期に離されて育った手乗り鳥だった場合、うまく育雛できないこともあります。生まれたばかりのヒナを育児放棄するケースもあり、その場合は小型の鳥であるほど人が育てるのは困難です。最初から飼い主さんが繁殖を計画して、親鳥に育てられた鳥を母として迎え、非繁殖期を挟んだ後に巣を入れて繁殖させるのならば問題を減らせるでしょう。ただし、その場合でも、飼い主さんが問題なく複数羽を育てられるか、十分なお世話ができるか、経済面やスペースも問題ないか必ず検討しましょう。

Ⅰ 発情期

発情期は求愛期と造巣期(交尾期)から構成されます。最初に求愛期が訪れると、先にオスが発情します。オスが発情してメスに求愛のアプローチをかけることによって、メスは刺激を受けて発情が始まり、求愛期に入ります。求愛期内でオスとメスの間にタイムラグが数日生じる仕組みです。

❶オスの発情(求愛)行動

オスの発情(求愛)行動は、「ディスプレイ」と呼ばれるメスに自分の魅力をアピールするものです。セキセイインコの場合は頭部や頬がもふっとし、瞳孔を小さくして、頭を縦に振ったり、横に振ったりしてさえずりながらメスにアプローチをします。そしてエサを吐き戻して、メスにプレゼントをします。それから「おしゃべり」。もともとセキセイインコはメスの声を真似するという習性があります。メスの声を真似したり覚えることでコンタクトコールをしてメスの気を惹きつける習性があるので、それが人の言葉を覚えることにつながっています。

オカメインコは脇を開けながら求愛します。通称「ワキワキ」です。これをし

《 セキセイインコ♂の発情行動 》

右側がオスで頭がもふっとしており点目。左側のメスは吐き戻しを受け取っている。

動画

ながら「キャッキャッキャッ…」と鳴いてにぎやかにアプローチします。こんな声をしていたら発情鳴きです。

　ラブバードのオスは、特徴的なさえずりは行わず、クチバシでカチッ、カチッと音を出したり、趾《あしゆび》で顔をかいたりエサを吐き戻しながらメスの目の前をウロウロします。このウロウロがダンスのようにも見えますが、規則性がないので、特に名称はつけられていません。

　そして文鳥は特徴的な行動をとります。クチバシをこすりつけてクリック音とい

《 オカメインコ♂の発情行動 》

動画

《 ラブバード♂の発情行動 》

動画

通称「ワキワキ」。脇を少し開きながら求愛行動する。ワキワキしながらにぎやかにさえずるのが特徴的。

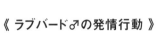

う「トッ トッ トッ、カツカツカツ」という音を先に出します。その後、さえずってからぴょんぴょんと両足を揃えて飛ぶようなダンスを踊ります。メスはこのダンスに呼応すると、同じようにダンスを行います。これが交尾受容のサインとなり、オスは交尾を行います。

〈発情吐出〉

インコ、オウム類に特徴的なのが発情吐出です。文鳥はこれに該当せず、吐き戻しをしません。もし文鳥で吐き戻しの

《 文鳥♂の発情行動 》

動画

ような行動が見られたら、まずは病気を疑ってください。オカメインコも吐き戻しはほぼやりませんが、セキセイインコやラブバードはもりもりと吐く子が多くおり、口やお腹が汚れる場合もあります。執着して頻繁にやるようになると、「食べたら吐く」を繰り返します。発情吐出は主にとまり木や鏡、おもちゃ、エサ入れ、人の指にやることが多く見られます。

〈交尾行動〉

交尾行動とは、お尻を何かにこすりつ

《 オスの発情吐出 》

セキセイインコ
発情吐出
（動画）

ラブバード
発情吐出
（動画）

セキセイインコの鏡に向かっての発情吐出。

ける、いわゆる「スリスリ」のことを指します。ほとんどの鳥種のオスがやりますが、やらない個体もいます。人の頭や手、とまり木などで行います。これをしょっちゅうやると肛門周囲の羽毛が擦り切れるだけでなく、場合によっては総排泄腔の中の粘膜が切れて、下血することもあります。飼い主さんが出血を見つけてケガや内臓の病気かと心配して来院し、実は交尾行動のやり過ぎによる出血だったということも。

　コザクラインコやボタンインコなどの

《 オスの交尾行動 》

いろいろな鳥種の交尾行動
（動画）

ラブバードはちょっと特殊で、オスもメスと同じような交尾受容姿勢を取ることがあります。これは翼を広げて背中を反って固まる行動で、メスが交尾を受け入れる姿勢です(44ページ参照)。羽を広げるのは背中にオスが乗った時にバランスを取るためです。この行動は、必ずしも発情しているからやるというわけではないようで、メスがメスの上に乗ったり、メスがオスのようなスリスリをすることもあります。このため、いつが発情期なのかがわかりづらいこともあります。

〈排除行動〉

排除行動はペア以外の人や鳥を受け入れないというもので、攻撃的になることを指します。これにも個体差があり、やらないオスもいますが、自分のペアを守ろうとして人や他の鳥を攻撃するようになります。男性ホルモンの分泌量が多いと攻撃的になりやすいといわれています。また、悪い意味での「オンリーワン」

になってしまうこともあります。オンリーワンには2種類あり、「その人以外はみんな怖いです、この人だけです」という子と、「この人は私のペアだから近づくな、他の人は排除する」というタイプがおり、後者が排除行動にあたります。

❷ 発情期のオスの身体的変化

発情すると、オスの身体にも変化が出ます。生殖器である精巣が発達し、大きくなるのが特徴です。精巣の非繁殖期と発情期の違いをイラストで見ると、鳥類の精巣は左右非対称なのがよくわかります（41ページ参照）。

実際に発情しているセキセイインコのレントゲン画像で精巣を見てみると（42ページ参照）、セキセイインコは、体の大きさに対して比較的大きな約10〜13㎜の精巣をもっています。オカメインコは体が大きいのにもかかわらず約8㎜ほど。ヨウムは体長約30㎝ほどですが、実は精巣の大きさは発情してもセキセイインコ

鳥類のオスの精巣

発情期と非繁殖期では精巣の大きさが明らかに異なる。

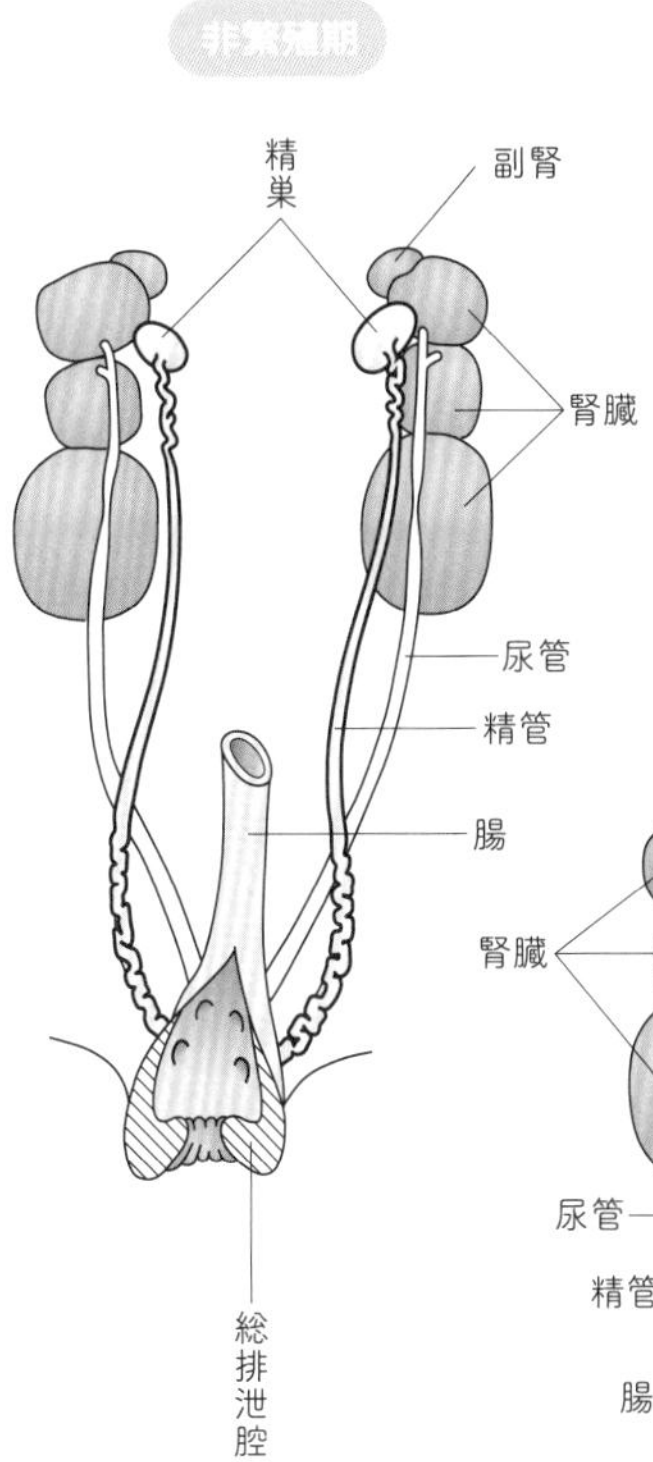

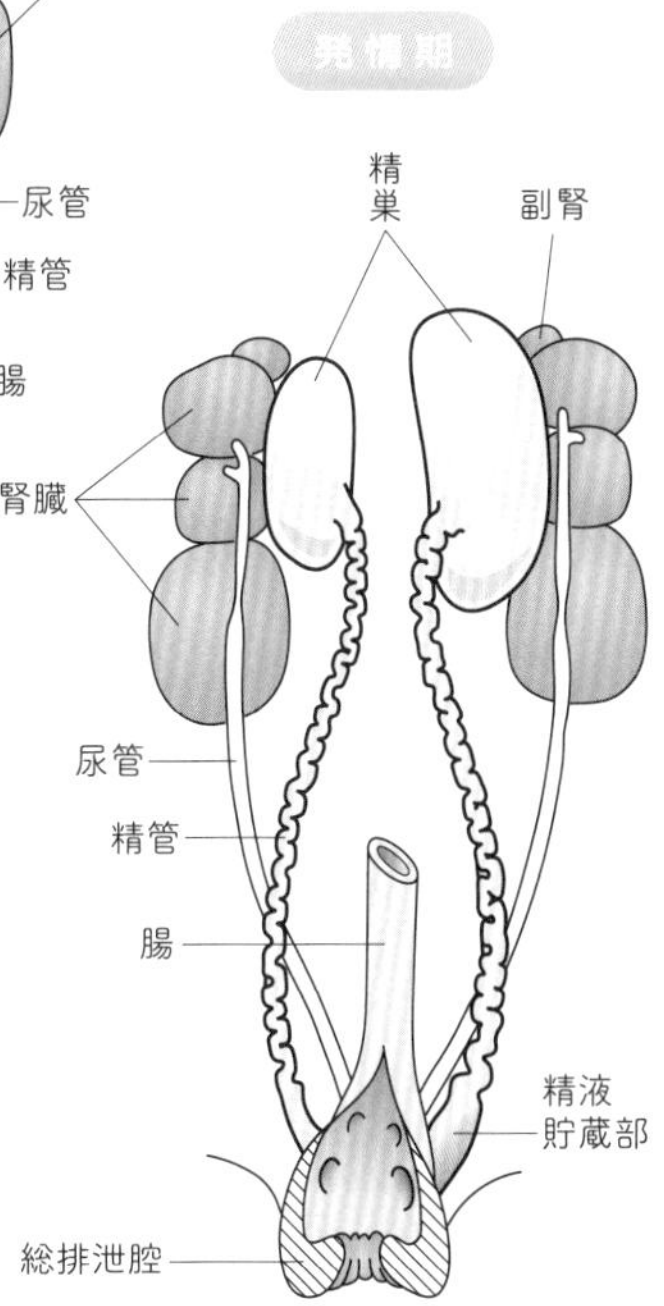

セキセイインコのオスの精巣

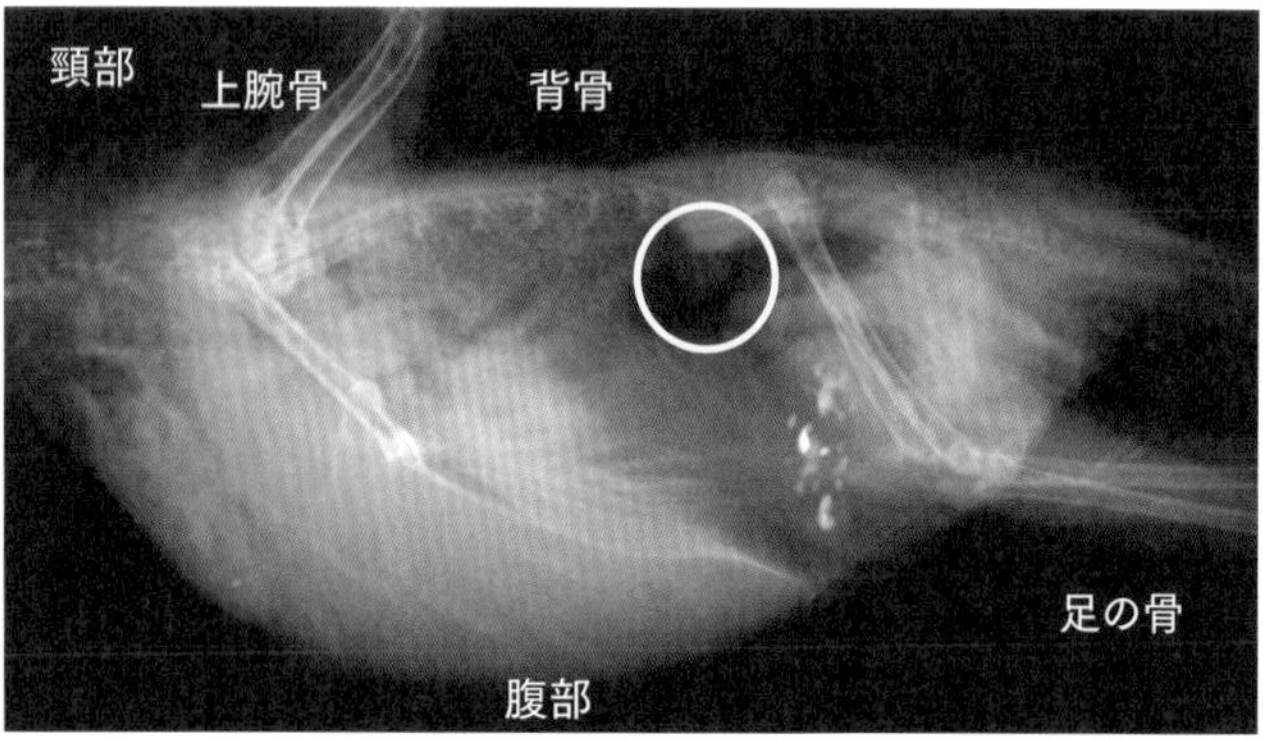

円の中の部分が非発情時のセキセイインコの精巣です。

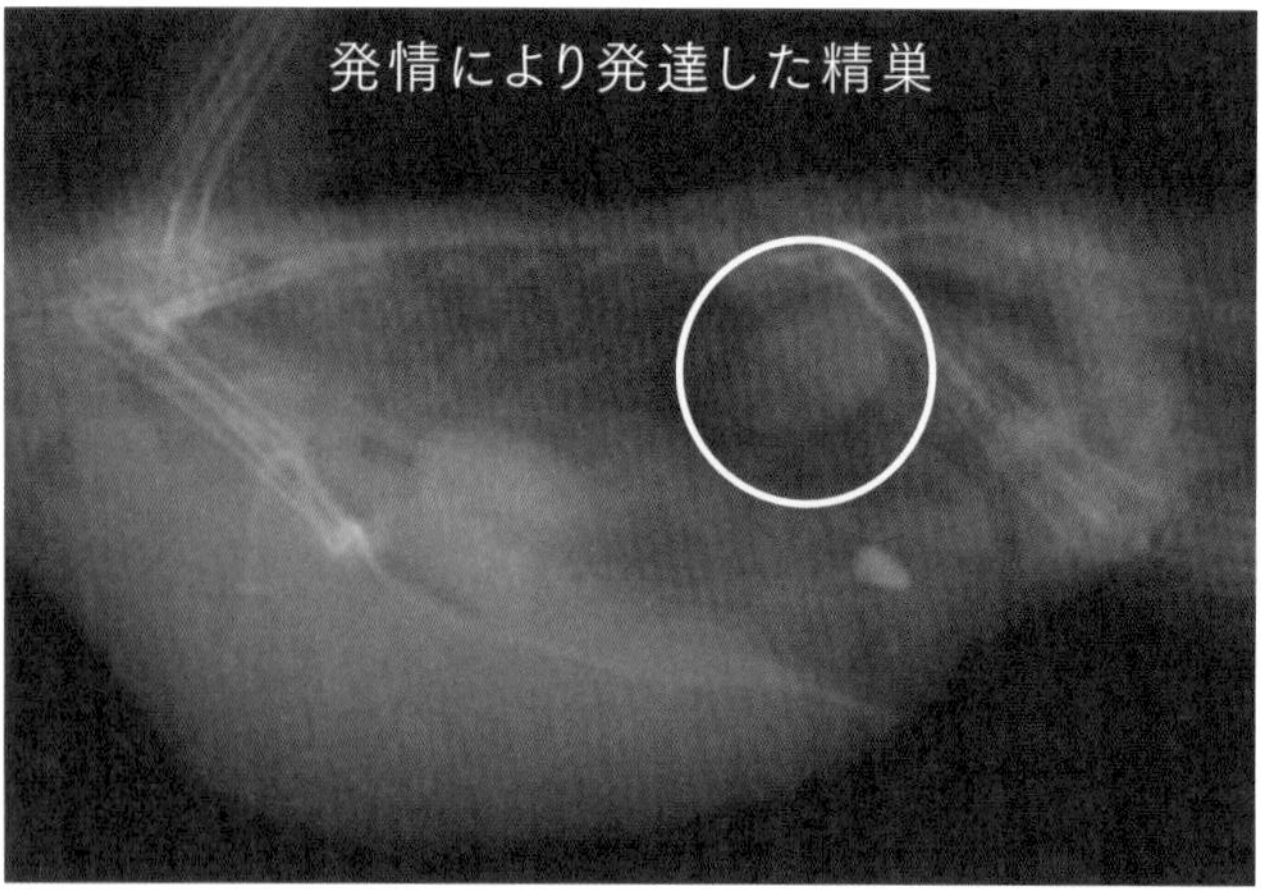

上段と比べると、大豆のような形の精巣が大きく見えるのがわかります。発情によってここまで精巣は大きくなるのです。セキセイインコは他の鳥種に比べ、相対的に大きい精巣をもっています。

と同じくらいしかありません。文鳥の精巣も体に比べて大きく、約6〜8㎜。発情が止まっているとすごく小さくなります。

　こうしていろいろな鳥種と比較すると、セキセイインコのオスの精巣が相対的に大きいことがわかります。セキセイインコの健康なオスほど発情が止まりにくく、飼育法や環境での完全な発情抑制は困難なのです。

　ちなみにウズラのオスは発情するとお尻が膨らんで泡が出るのが特徴です。これは泡沫様物質と呼ばれるもので、排泄腔線が発達し、その内部に泡ができます。この物質には受精率を上げる働きがあることがわかっています。

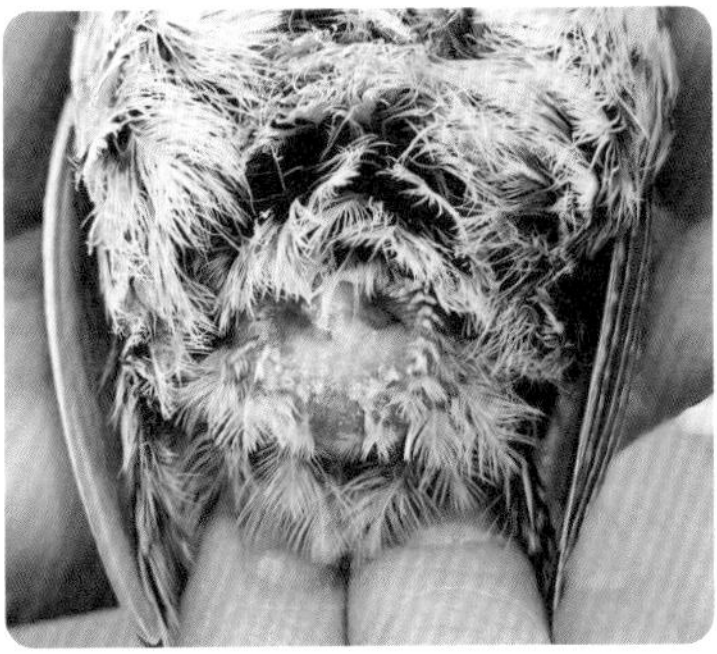

発情したウズラのオスのお尻に出る泡沫様物質。

③メスの発情行動

オスの求愛によって刺激を受けると、今度はメスが求愛期に入り、次のステージの造巣期(交尾期)に移行します。オスがいない場合はメスがペアと認識する人や物が刺激になります。

〈交尾受容姿勢〉

メスの発情行動で代表的なのは、交尾受容姿勢です。背中を反らして尾羽を上にあげた状態でピタッと固まります。セキセイインコの場合は目の瞳孔がキュッと縮小したりします。

ラブバードは羽を広げて飛行機のよう

コザクラインコの交尾受容姿勢。ただしこれはオスも行い、発情していない時もやるのであまり発情の判断にはならない。

なポーズをします。ただし前述の通り、オスもメスもやるので必ずしも「羽を広げた！　メスが交尾を受ける姿勢だ！」と思わないでください。オスもやりますし、発情していないときも起こる行動なので、発情行動なのかの見分けが難しいポーズです。

〈巣づくり・巣ごもり行動〉

造巣期は巣づくり行動も盛んに行います。巣材にするために木や紙をかじる行動が増えますが、特にラブバードは特徴的な紙切り行動を行います。紙類をクチバシで細長く器用にかじり取り、尾羽に挿して巣に運びます。ただし、ラブバードはオスも同様にやりますが、メスほどはやりません。紙切りや尾羽に挿す行動は、一度経験するとしきりに紙を探し回るようになります。しかし、紙を隠すのは、鳥にとってストレスです。紙切り行動は性衝動を伴わないため、鳥が望む夕スクとして好きなだけやらせていいと考えます。ただし、やらせていいのは紙切りのみで、巣づくりは、NGです。紙をため込んだら撤去しましょう。
また、巣にこもり、とにかく動かなくなる傾向もあります。これは発情の程度や環境にもよります。産卵に備えて体に栄養を蓄え、オスに巣の中にエサを運ばせて食べさせてもらう時期です。この時期の鳥の頭の中は「とにかくどこかに入りたい」という気持ちでいっぱい。狭いところや服の中、暗いところを探して入りたがります。何かに入ったり、うずくまっているところに手を近づけると巣を守ろうとする防衛行動のために攻撃してくることもあります。

《 コザクラインコの紙切り行動 》

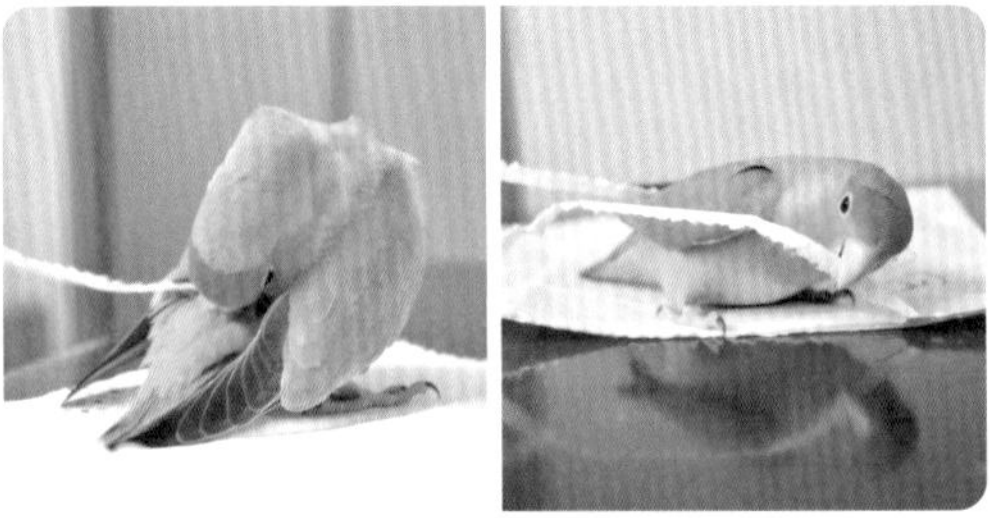

動画

〈親和行動〉

親和行動とは、キスをしたり、羽づくろいをし合うことです。ペアの鳥がいない場合は、自分がペアだと思っている人や物に対して甘えるようになります。相手が人の場合、耳や首、口元などにキスや甘咬みを繰り返します。この甘咬みはけっこう痛いこともあるので、嫌がる飼い主さんも多いのですが、鳥は羽づくろいをしてくれようとしているのです。なので、「やめて」と振り払ってしまうと、せっかくの鳥の好意を傷つけてしまうことになります。あまりにも痛い場合は、自分の体にタオルを掛けるなどして、「痛いからごめんね。これで我慢してね」と伝えるようにしましょう。ほかにも手で触られることが好きな鳥は、ニギコロやナデナデを求めることが増えたりします。飼い主さんがどうしても甘咬みを受けるのが難しい場合は、別の方法で鳥に満足してもらえるスキンシップを探すのも良いかもしれません。ただしペアと思っている人が鳥自身が満足できるような接し方をしないと不満が重なり、自分に注意を向けようとして咬むようになることもあるので注意しましょう。
ペアの相手が鳥の場合も、お互いに羽づくろいしあうことが増えます。

④発情期のメスの身体的変化

〈体重増加〉

メスは発情するとまず、体重が増加します。エストロゲンの影響により食欲が増え、体に栄養を蓄えやすいように変化するので、今までと同じ量のエサしか食べていなくても体重が増える傾向があります。このため、発情したメスにちょっとでもごはんを多く与えすぎると、簡単に体重が増えてしまいます。また、生殖器の発達や骨髄骨《こつずいこつ》（56ページ参照）の形成も体重増加につながります。毎日体重を記録していると、「あれ、体重が急に増えたな」という飼い主さんのちょっとした気づきで発情の徴候を察知できるようになるのです。

〈フンが大きくなり水分尿が増える〉

メスは発情するとフンが大きくなります。産卵の準備を始めたメスは巣にこもって巣づくりをしないといけないので、今までのように小さいフンをちょこちょこしていると外に何回も出る必要があります。それに卵をずっと抱いたり、ヒナにエサを与えるのにも、頻繁に外に出るわけにはいきません。そのためフンを体内に貯めておいて、外に出た際にまとめて排出するという体に変化するのです。その変化する部分がお尻の中の総排泄腔(クロアカ)です。総排泄腔は50ページの図のように糞洞・尿洞・肛門洞の3つの部分から成り立っています。

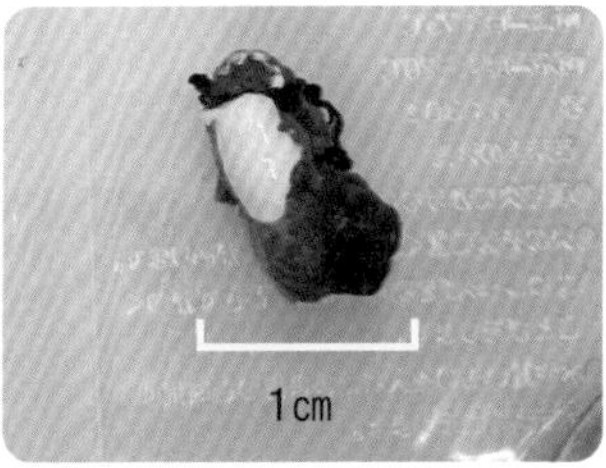

発情中のメスのフン

腸は糞洞に開口しており、一時的に便を貯めることができます。発情するとこの糞洞が大きく拡張して、便をたくさん貯められるようになります。便を貯めてから排泄するので、便が大きくなるのです。

さらに水分尿も増える傾向があります。エサをたくさん食べるので代謝水が増え、血中・尿中のカルシウム濃度が増加し、浸透圧が上昇することが関係しています。

メスの総排泄腔の内部

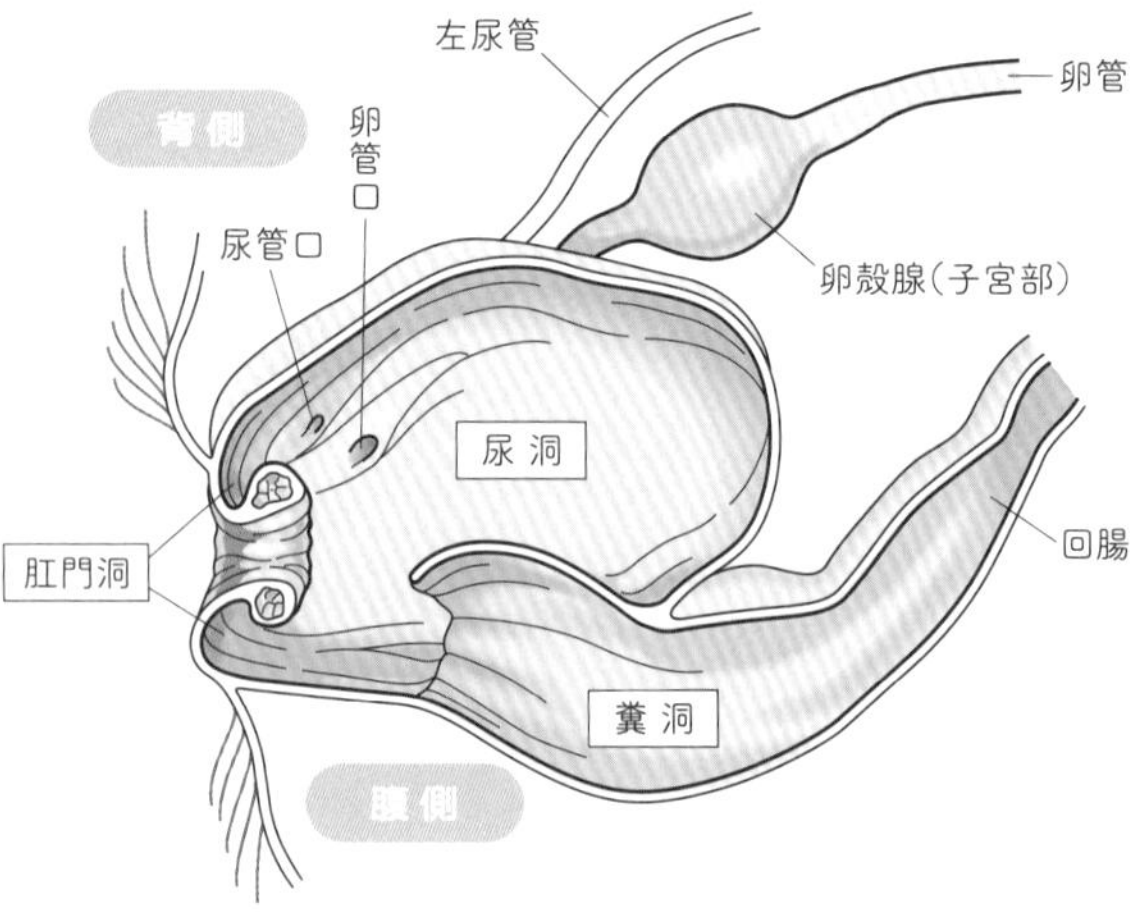

〈お腹のふくらみ〉

さらに、発情するとお腹がぽよぽよとふっくらしてきます。これは、腹筋と骨盤がゆるんで体内に卵をもつスペースを作り出しているのが原因です。実際には体内の左右にある二つの恥骨の間と、胸骨の下部分と恥骨の間が開いた状態になります（52ページ参照）。

〈生殖器発達と骨髄骨形成〉

鳥のメスはオスと違い、通常、生殖器は左側しか発達しません（54ページ参照）。卵巣も卵管も体の左側だけが機能しています。発情すると卵巣に卵胞がぼこぼことでき始め、卵胞の中に卵黄ができます。卵管は太く長くなって折り重なりながら発達します。

メスは発情するとエストロゲンの影響によって骨髄骨《こつずいこつ》の形成が始まります。骨

お腹に卵があるかを確認する方法

発情すると、メスの体は卵をつくる準備を始めます。
お腹に卵があるかどうかを保定して確認しましょう。

体内に卵があるかどうかは、ある程度卵が大きくなり、触ることでわかります。写真のように保定し、胸骨の下の部分と、恥骨端を結んだ三角形の中央部分を確認します。卵があれば、この部分に硬いものを確認できます。まだ殻ができていない場合は、やや弾性のある塊を触ることができます。触り方にもコツがあり、怖々と探ってもわからず、強く押しすぎても卵を割ってしまうことになります。触ることに慣れていない方は、病院で診てもらいましょう。病院では触診で卵の有無はわかりますが、卵材や腫瘍との鑑別が必要な場合は、レントゲン検査と超音波検査を行います。

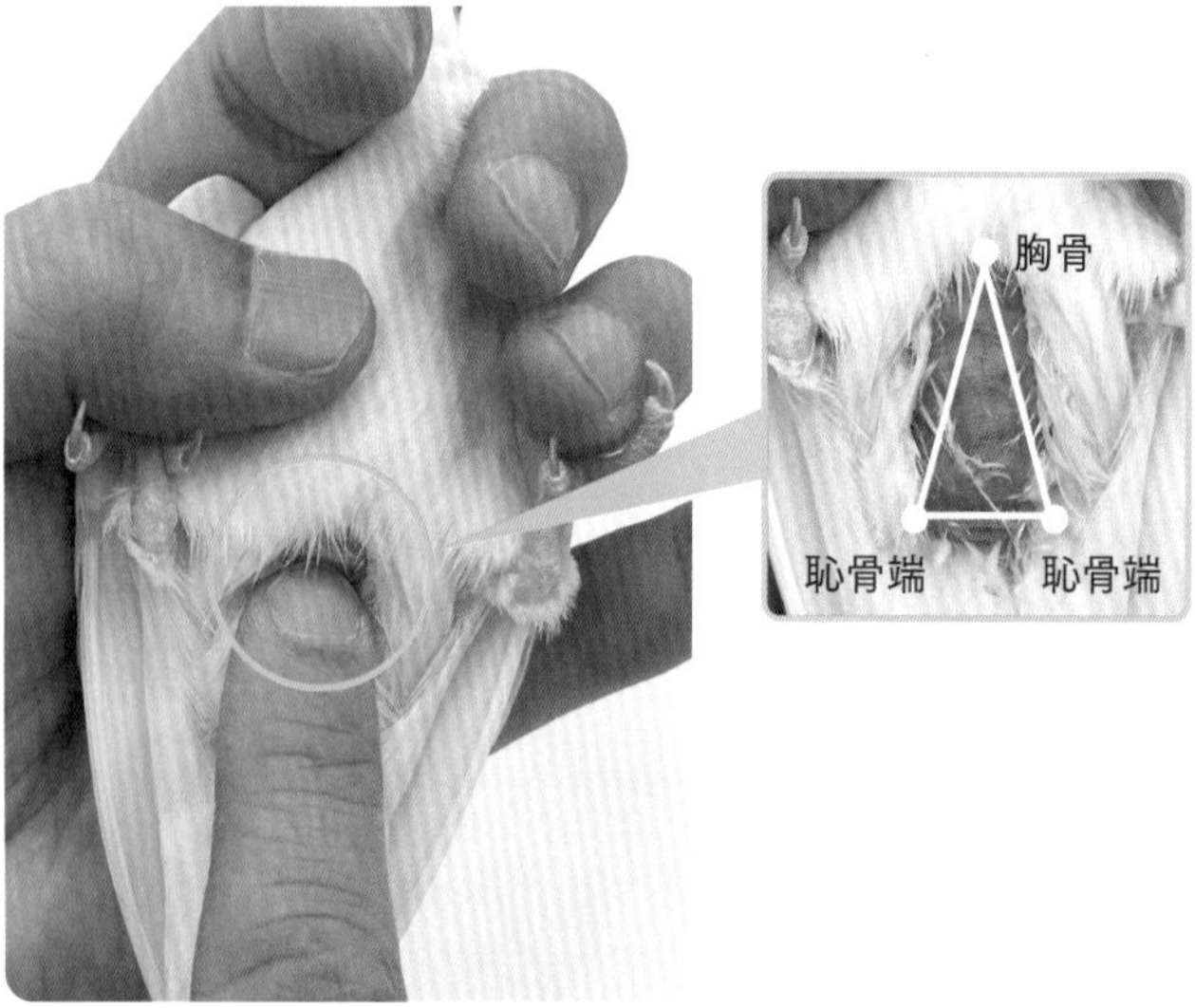

髄骨とは、卵殻形成に急激に必要とされるカルシウムを骨の中(骨髄)に蓄える現象です。鳥は、骨の中をカルシウムの貯蔵庫として使っているのです。骨内のカルシウム量が増加し、卵巣と卵管が非繁殖期の数百倍もの大きさになり、体重が急激に増加します。

〈血液の変化〉

なぜ発情を抑制すべきかを科学的・医学的観点から見た上で一番重要ともいえるのが、血液の変化です。発情すると卵巣からエストロゲンという女性ホルモンが出ます。このホルモンについて、本書ではこれから折に触れて解説することになるので、覚えて損はありません。エストロゲンは人間の女性も同様にもっているもので、思春期に女性らしい体をつくったり、更年期には減ることで体調不良などを引き起こします。私たち人類にとってごく身近なこのホルモンが、鳥類の

鳥類のメスの卵巣

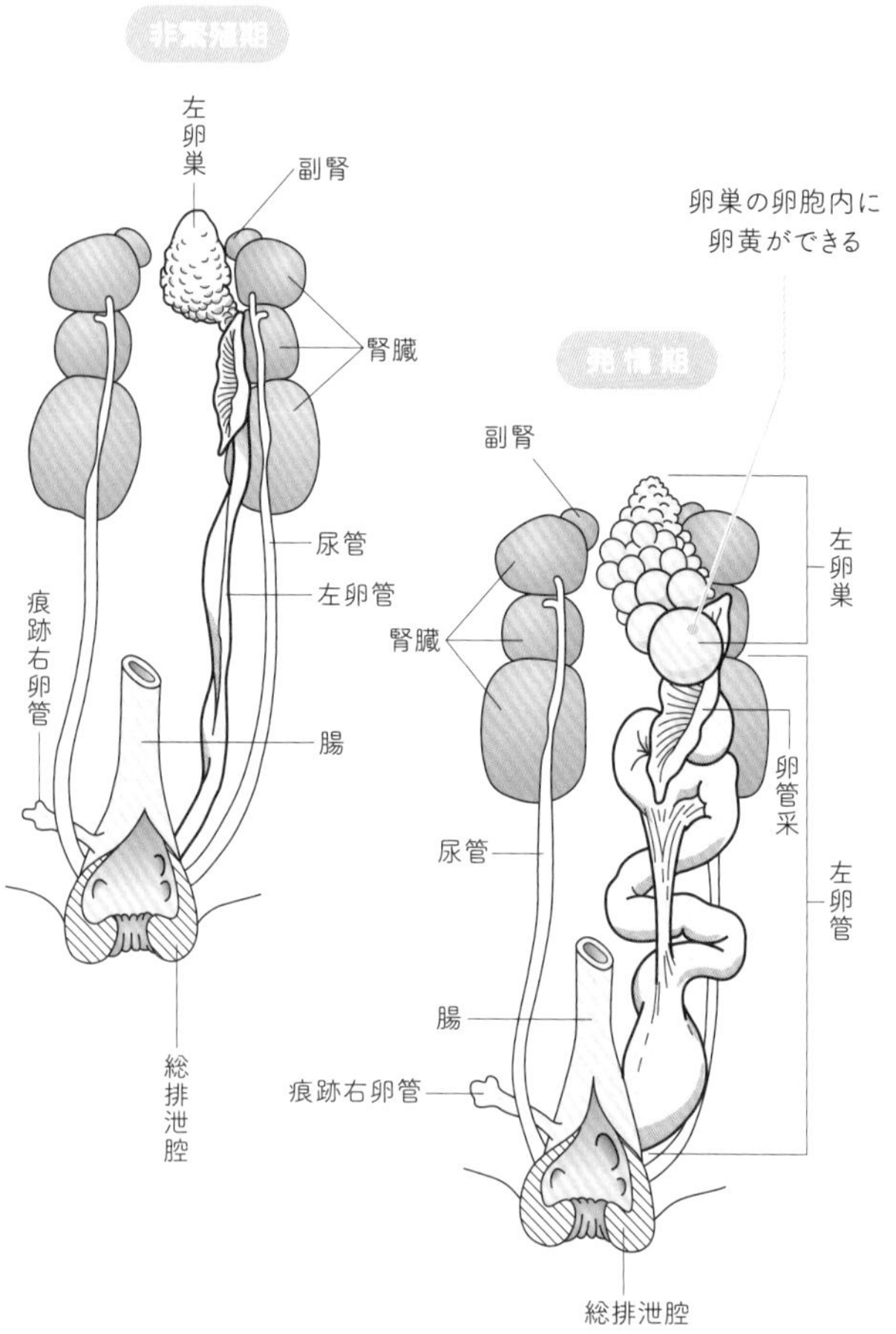
非繁殖期
左卵巣
副腎
腎臓
尿管
左卵管
痕跡右卵管
腸
総排泄腔
発情期
卵巣の卵胞内に
卵黄ができる
副腎
左卵巣
腎臓
卵管采
尿管
左卵管
腸
痕跡右卵管
総排泄腔

体にも存在し、鳥類のメスにとっても生殖や成長に大きな影響をもたらすホルモンであるということは、生命の神秘を感じずにはいられません。

発情期に分泌されたエストロゲンは肝臓に作用し、卵黄蛋白前駆物質《らんおうたんぱくぜんくぶっしつ》、アルブミン、脂質をつくります。難しい言葉ですが、簡単に言うと、卵黄と卵白の材料です。次に骨に作用し、前述した骨髄骨を作り出し、血液中にカルシウムを放出して血液中のカルシウムの濃度も上げます。このため、発情しているときに血液検査をすると、血漿《けっしょう》タンパク上昇、中性脂肪上昇、カルシウム上昇、といった所見が出てくるのです。これらの所見があると、間違いなく発情中という診断がくだせるというわけです。

反対のことを言えば、発情行動が見られていても、血液検査をしても所見がなければ発情していると判断できません。

発情行動があるのに発情ではない。なぜそうした現象が起きるかというと、実

セキセインコのメスのレントゲン画像

健康なメスのレントゲン画像。上腕骨の中は空洞で、お腹の中にも目立ったものはありません。

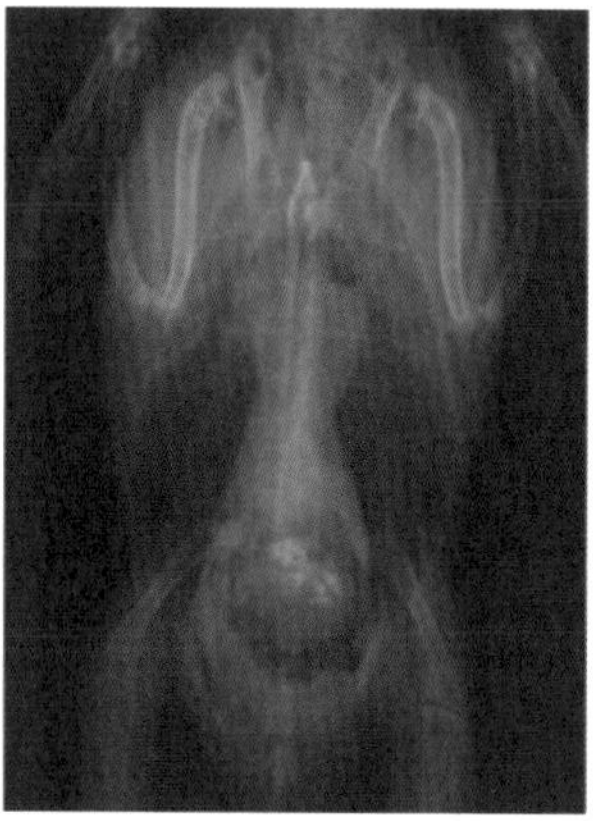

発情したセキセインコのメスのレントゲン画像

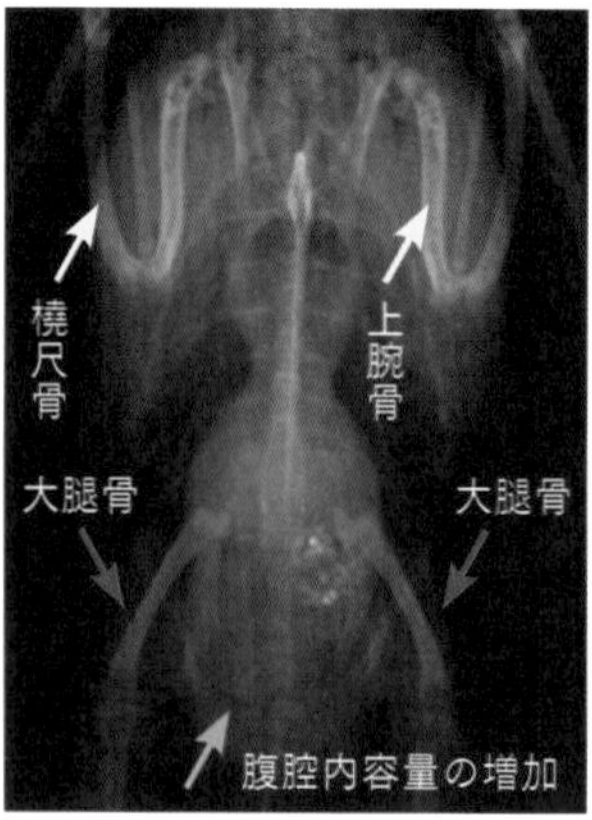

上腕骨と橈尺骨、大腿骨は骨の中が白くなっており、骨髄骨が全身にできていることがわかります。また、腹腔内容量も増えており、お腹の中に入っている卵巣と卵管が大きくなっていることがわかります。

は脳内でもエストロゲンがつくられているからです。エストロゲンがあることで、オスとの親和行動維持やコミュニケーションレベルの交尾を行うことができます。このため、卵巣からのエストロゲン分泌が止まっていても、脳内でエストロゲンがつくられている場合には発情のような行動が出てしまう場合があるということです。この場合、お腹がふっくらしていないけれども、ちょっと背中を反るポーズを取ることがあります。そうした「いつもの発情と違うな？」という場合には血液検査をしてみないと発情しているかどうかは、はっきりとわからないのです。

たとえ軽度な発情行動が見られても検査をして発情所見が見られなければ、健康被害につながることはありません。しかし検査できるのはその時だけです。「数ヶ月前に病院で発情していないと言われたから大丈夫」と油断していると、卵巣の活動が始まり、真の発情がくることもあるので注意しましょう。なお、発情によって血液性状に変化が出るのはメスだけで、オスは発情しても血液性状は変化しません。

〈セキセイインコの見た目の変化〉

セキセイインコのメスはろう膜の色に顕著な変化が現れます。ろう膜の色はエストロゲンが作用しています。非繁殖期時は青っぽい色ですが、卵巣からエストロゲンが分泌されると、だんだんとうす橙色から茶色になり、分泌量が多かったり発情期間が長いと最終的にはこげ茶色に近くなることもあります。視覚的に非常にわかりやすいので発情の目安になっ

《 セキセイインコ♀のろう膜の変化 》

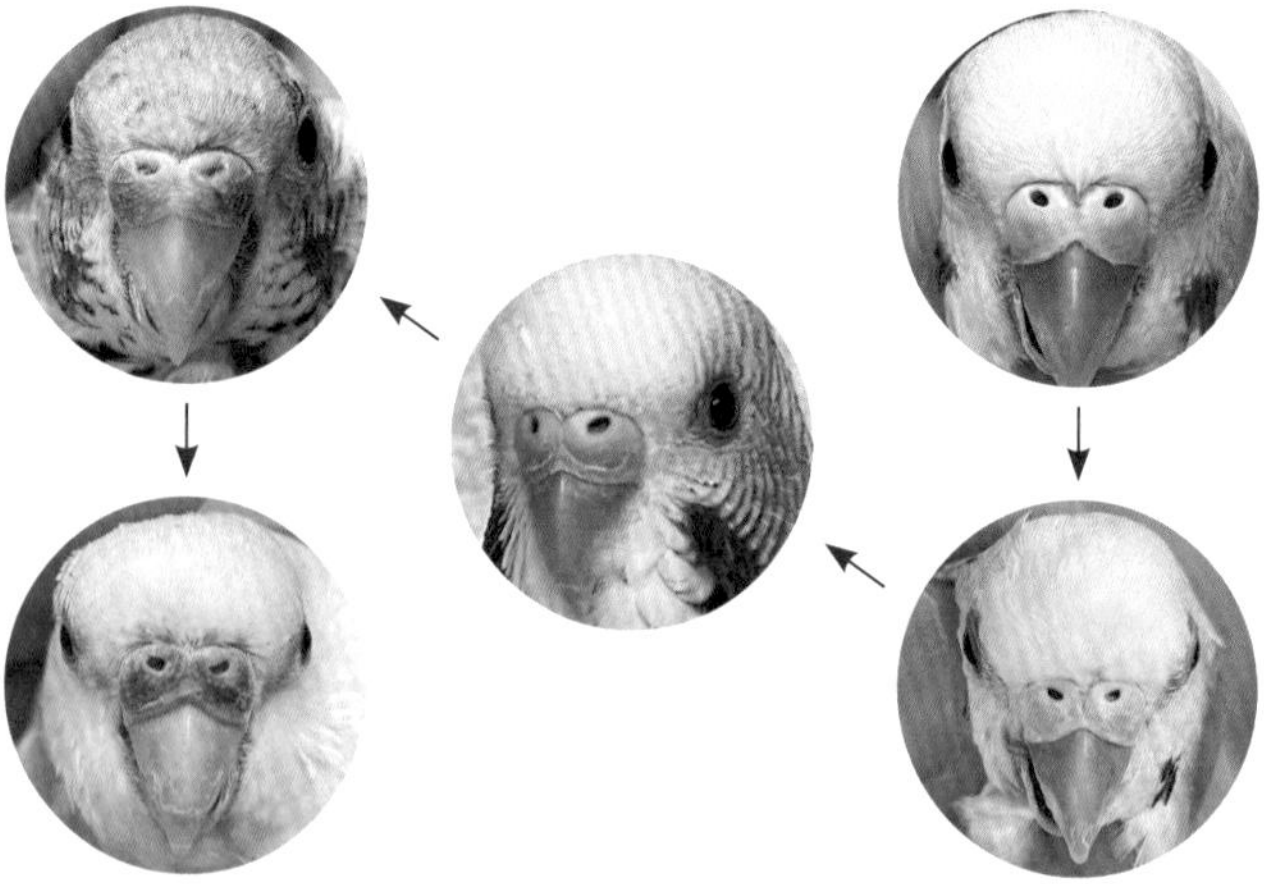

ていますが、個体差も大きく、加齢も関係してくるので、あくまで参考程度としてください。ただし、かなり青い状態をキープできているのであれば発情が止まっていると見ても良いでしょう。

また、個体差がありますが、セキセイインコのメスは発情すると頭に縞模様ができることがあります。成鳥のメスなのにヒナのような縞模様ができるのです。この原因はよくわかっていないのですが、一つの説として、メスがヒナっぽい顔になると抱卵時にオスに世話をしてもらいやすくなるのではないかと考えています。子どもに近い模様になった方がオスが気にかけてくれるようになる、そういった可能性があるのかもしれません。ただし、すべてのセキセイインコのメスがなるわけはなく、野生でもこうなるかを確認でき

ヒナの頭

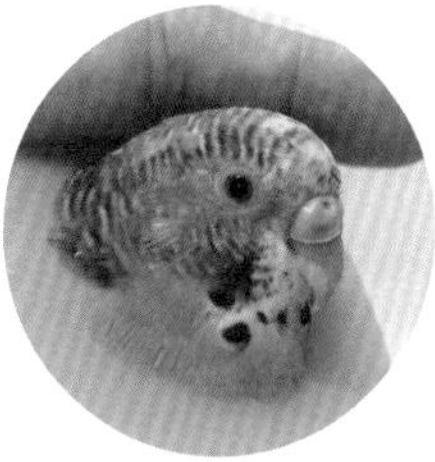
発情したメスの頭

てはいないので、まだ私の妄想の域を出ていない仮説です。

〈発情臭〉

発情すると鳥の体臭も変化が表れます。これも個人的にはセキセイインコが顕著だと考えていますが、メスは特徴的なにおいが出ます。アルカノールという化合物が皮脂腺から出てにおいのもとになり、3種類のアルカノール(オクタデカノール、ノナデカノール、エイコサノール)のブレンドの比率によってにおいが変わるといわれています。実際にはオスのほうがメスの4倍アルカノールが出ているのですが、アルカノールのブレンドの比率が異なるためか、メスの発情臭のようなにおいにはなっていないようです。セキセイインコのメスはこのアルカノールのにおいとブレンドの違いで雌雄を見分けられると考えられています。

ちなみにスズメ目の鳥(コシジロキンパラ、キンカチョウ、キマユホオジロ、ミヤマガラス）も雌雄によってにおいが異なることがわかっていますが、まだ研究で実証された鳥種が限定的なだけで、実はほとんどの鳥類が雌雄の見分けににおいを使っているのではないかという説もあります。

Ⅱ 造巣期（交尾期）

野生下の鳥たちはこれまで説明した求愛期と造巣期を経て発情し、実際の交尾に至ります。飼い鳥の交尾を見るのは難しいことですが、こんな風に行われるということを知っておいていただければと思います。

インコ・オウム類が交尾をする際は、オスは求愛（ディスプレイ）をしながらメスに近づきます。この時に片足をメスの背中にかけてメスの反応を確かめます。メスの準備が整っていないときはこれを嫌がりますが、準備が整うと背中を反らして体を硬直させ、交尾受容姿勢を取ります。するとオスはメスの背中に乗って、しっかりと背中の羽をつかみ、腰を曲げて排泄孔どうしをすり合わせます。このときにオスは落ちないように腰を回した方と反対の翼を使ってメスを抱え込むようにします。スリスリを10数秒ほどすると射精し、交尾を終えます。

文鳥の交尾は、まずオスがクチバシをとまり木にすりつけてクリック音を出し、さえずりながらぴょんぴょん跳ねてダンスをします。メスはこの行動で刺激を受

けると、同じようにクチバシをすりつけてクリック音を出してぴょんぴょん跳ねてダンスをします。オスとメスのダンスのシンクロ率が高いと交尾を行う確率が高くなることが研究によりわかっています。その後メスは体勢を低くして尾を振り、交尾受容姿勢を取ります。オスはメスに飛び乗って羽ばたきながらバランスをとり、腰を曲げて排泄孔どうしを合わせます。オスは1～2秒で射精し、交尾を終えます。

❶メスの抱卵期

発情期を終えて交尾をすると、メスは1クラッチ*の卵を産んだ後に抱卵期に入ります。飼い鳥の場合は交尾をせず、発情の刺激を受けて無精卵を産みます。抱卵期に入るかは個体差もあります。

抱卵期に入るとぼふっと羽をふくらませて（膨羽《ぼうう》）、ケージから出てこなくなることが多くなります。なかには手を入れると卵を守るために攻撃的になり、咬んでくる子もいます。羽をふくらませてじっとしている姿はとても調子が悪そうに見えます。卵を産まなくても産卵した気になっていて、とまり木をひたすら抱卵しているつもり、ということもあります。こうなると飼い主さんも心配になって来院されることも多くありますが、こうしたケースは抱卵が終わるのを待ちま

*1クラッチ……1回の繁殖時に産む卵の数。鳥種によって数は異なるが、一般的には4〜7個。

しょう。無理に抱卵を終わらせる必要はありません。体調不良との見分け方としては、ケージの外に出てくると元気だったり、食欲と排便がふだんと変わらないかどうかです。とまり木やケージの中の特定の場所を膨羽して温めようとしているかが判断基準になります。

メスは胸からお腹にかけて羽を抜くことがあります。羽を抜くことで卵を直に肌を密着させようとするのです。胸から腹部の皮膚がむくみ、血管が発達して充血していることもあり、これを抱卵斑《ほうらんはん》と呼びます。これらは野生下でも見られ、抱卵に伴う自然な行動と変化です。

《 メスの抱卵 》

抱卵期は言葉の通り、卵を温める時期ですが、ほとんどの飼い鳥がひとつの卵を産んですぐに温めるわけではありません。一般的には3つほど産んでから温めることが多く、これはヒナの大きさに差が出ないようにしていると考えられています。ただし、実際には順番に孵化していくこともあるので、抱卵開始時期には個体差があるようです。

❷ オスの抱卵期

飼い鳥の中でオスも抱卵を行うのはオカメインコとフィンチ類です。メスの横でうずくまったり、メスがいないときに抱卵します。オスは胸から腹部の羽を抜くことはありません。

オスの発情はメスとは違い、すぐには止まりません。巣の外にメスが出た時や抱卵しているメスと交尾しようとしますが、メスはオスを徐々に受け入れなくなります。なぜオスの発情が止まらないかというと、オスの繁殖は多交戦略だからです。メスが抱卵中に、他のペアのメスと接触する機会があれば交尾をし、より多くの子孫を残そうとします。もちろん鳥種によって一夫一婦制なのか、一夫多婦制なのか、そして環境や個体によっても差は生じ得るでしょう。しかし野生下では巣内の卵は、すべて同じオスの子とは限りません。

オスの発情がおさまるのは、育雛期に入ってからです。オスはエサを食べては巣に運ぶの繰り返しでとても忙しくなるため、発情が軽減されていきます。

Ⅳ 巣内育雛期

巣内育雛期は、孵化したヒナを巣の中で育てる時期です。雌雄で協力して、エサを巣に運んでヒナに与えます。セキセイインコは主にオスがエサを運び、それを吐き戻してメスに与え、育雛自体は主にメスが行います。

飼育下では卵からヒナがかえらなかった場合でも育雛期に入ることがあります。産卵の有無にかかわらず、発情期が終わってすぐに育雛期になる鳥もいます。自分の足やとまり木にエサを吐いて与える行動を取るようになりますが、これは習慣化しないのでそのうちやらなくなります。

V 巣外育雛期

巣外育雛期は、ヒナが巣立ちした後に、自分でエサを探して食べられるようになるまでの時期を指します。いわゆる「親離れ」までの短い期間です。野生においては、食物が十分にあると連続して繁殖を行うことがあります。つまり次の発情期が始まるということです。発情期に入った親鳥は、ヒナが近づくと追い払う行動をとります。

非繁殖期

ヒナを育て終えるとようやく非繁殖期に入り、野生下では精巣も卵巣も活動が止まります。しかし、飼育下では前述した通り、オスの非繁殖期は見られないことがほとんどです。特にセキセイインコやウズラでは顕著で、発情が強く、精巣が大きいタイプの鳥種は、繁殖に適した環境下にいるだけで発情がほぼ止まらないのです。野生では雌雄ともに非繁殖期に入ると換羽が生じ、羽が抜け換わります。しかし飼育下のオスは発情しながらも換羽するのが普通です。

飼い鳥の繁殖期のサイクル

飼育下のオスは発情の強弱はあるものの、ずっと発情期であることが多いです。発情が止まるのは、病気や老齢で体力が低下した時です（飼育下では高齢でも発情が止まらないケースも）。

メスの場合は発情期と非繁殖期を交互に繰り返すケースが多く見られます。産卵した場合や偽卵などで抱卵させた場合は、育雛期だけがサイクルから抜けて、また発情期に戻るという傾向があります。

鳥の繁殖ステージ

メスの飼い鳥の場合

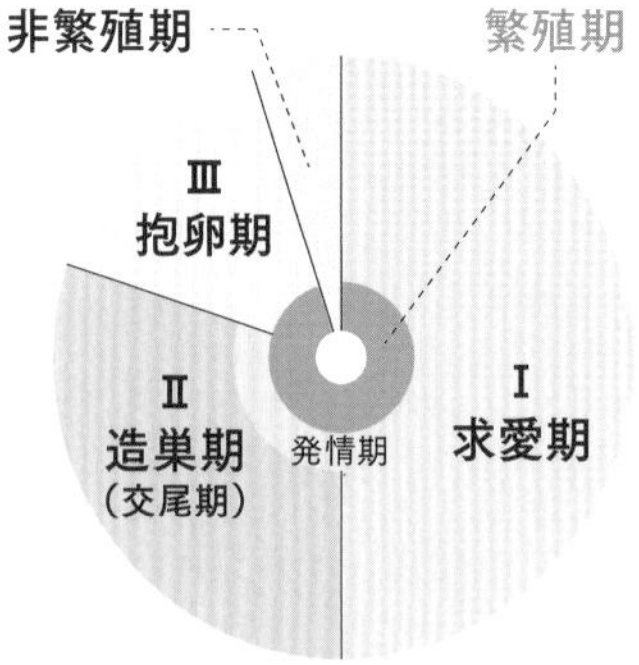

野生の鳥に比べると育雛期がないサイクルにある。オスの場合は、さらに抱卵期もなく、発情期と非繁殖期を繰り返すこととなる。

Column

飼い主さんのお悩み一問一答

我が家ではコザクラインコを1羽飼っています。SNSで「ラブバードなのにパートナーがいないのはかわいそう」と言われたことがあります。うちの子は私をパートナーとし、私自身も愛情を注いでいるつもりですが、パートナーがずっと人間というのは鳥にとって不幸で、人間のエゴでしょうか。同種のオスを迎えてあげるべきか悩んでいます。

（コザクラインコ♀の飼い主さんより）

かなり真剣に鳥の人生を考えていらっしゃる、心優しい飼い主さんだと思います。これだけ鳥さんのことをまじめに考えてくれる人がそばにいる鳥さんは、幸せなのではないでしょうか。

そして「エゴか否か」という質問に答えるのであれば、鳥の生活を人が管理することそのものがエゴと言わざるを得ません。そもそも、ペットを飼育することと自体が人の利益を優先した行為なので、エゴなのです。

1章で触れた動物福祉の考えにならうと、私たち人は、そばに居てくれる動物たちに質の良い生活を提供する責任があります。その観点から見れば、発情抑制をしながら人がパートナーとして過ごすのなら、鳥の生活の質は保たれていると思います。

鳥はヒナの時に一緒に過ごした動物をパートナーに選択する習性があります。そのため、さし餌で育てられた鳥は人をパートナーに選ぶことが多く見られます。コザクラインコは一夫一婦制なので、すでに人をパートナーとして認識している場合は、あとからオスを迎えたとしてもうまくいくとは限りません。相性の問題も当然あります。

卵にまつわるQ&A

SPECIAL COLUMN

卵を知る

哺乳類と鳥類の繁殖において、最大の違いともいえるのが、卵の存在です。

私たち人が理解を深めるのが難しいのは、交尾をせずに無精卵が体内にできてしまうという点でしょう。人から見るといつ鳥に卵ができたのかがわかりづらいのです。だからこそ、毎日の体重測定や身体の様子をしっかり観察することが重要です。本書では、そもそも体内に卵をつくらせないように発情抑制対策を行うことを提案しています。産卵という行為もメスにとっては命とりになりかねません。体内に卵ができたからといって、順調に産卵できる鳥ばかりではないのです。卵詰まり（卵塞症）などで急遽、病院にかかることも少なくありません。

卵に関しての知識を身につけ、いざという時に備えましょう。

卵にまつわる Q.1

卵はどのタイミングでできる？

A. 排卵から約1日で産卵に

2章で解説した通り、発情するとメスの体はお腹に卵をつくる準備を始めます。発情してからどれぐらいのタイミングで体内に卵ができるかは個体差もあり一概には言えませんが、セキセイインコのメスの場合はオスの求愛を受けて発情し、8～10日で産卵するという研究結果が出ています。オウム目やスズメ目、キジ目などの鳥は排卵してから産卵するまでは、約24～27時間といわれています。もちろん個体差はありますが、メスの発情行動が見られたら、お腹に卵ができていないか1日1回はチェックしましょう。

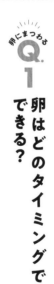

卵にまつわるQ.2

体の中で卵はどうやってつくられるの？

A. **黄身が卵管を通って卵になる**

発情すると卵胞が発達し、中で卵黄（卵子）が形成されます。卵黄が十分な大きさになると卵胞が割れて、卵黄は卵管采《らんかんさい》へ排卵されます。卵管采に精子があると、受精して有精卵となります。精子がなければ無精卵です。

卵黄は卵管膨大部で卵白を、卵管狭部で卵殻膜をまといます。卵管の長さはセキセイインコで約15㎝ですが、子宮部にたどり着いて硬い卵の殻がついた完全形になるのは前述の通り約24～27時間。ほぼ1日で排卵から産卵までできてしまう、なんともスピーディーな生産システムなのです（76ページ参照）。

卵にまつわるQ.3

交尾しなくても卵ができるの？

A. **できます**

鳥の排卵に交尾は必要ありません。ニワトリも交尾しなくても毎日無精卵を産むことができるので、毎日卵を買うことができますよね。

排卵とは、脳から卵巣に対して、「排卵しなさい」という命令のようなホルモン（黄体形成ホルモン）が出されることにより始まるものです。このため、交尾刺激ではなく、メス鳥がつがいと認める相手（オスだけでなく人や物も対象）に求愛行動をされたと認識すれば発情が始まり、排卵を経て無精卵ができる仕組みです。

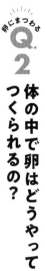

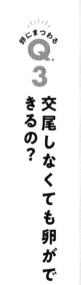

体内で卵がつくられてから産卵するまで

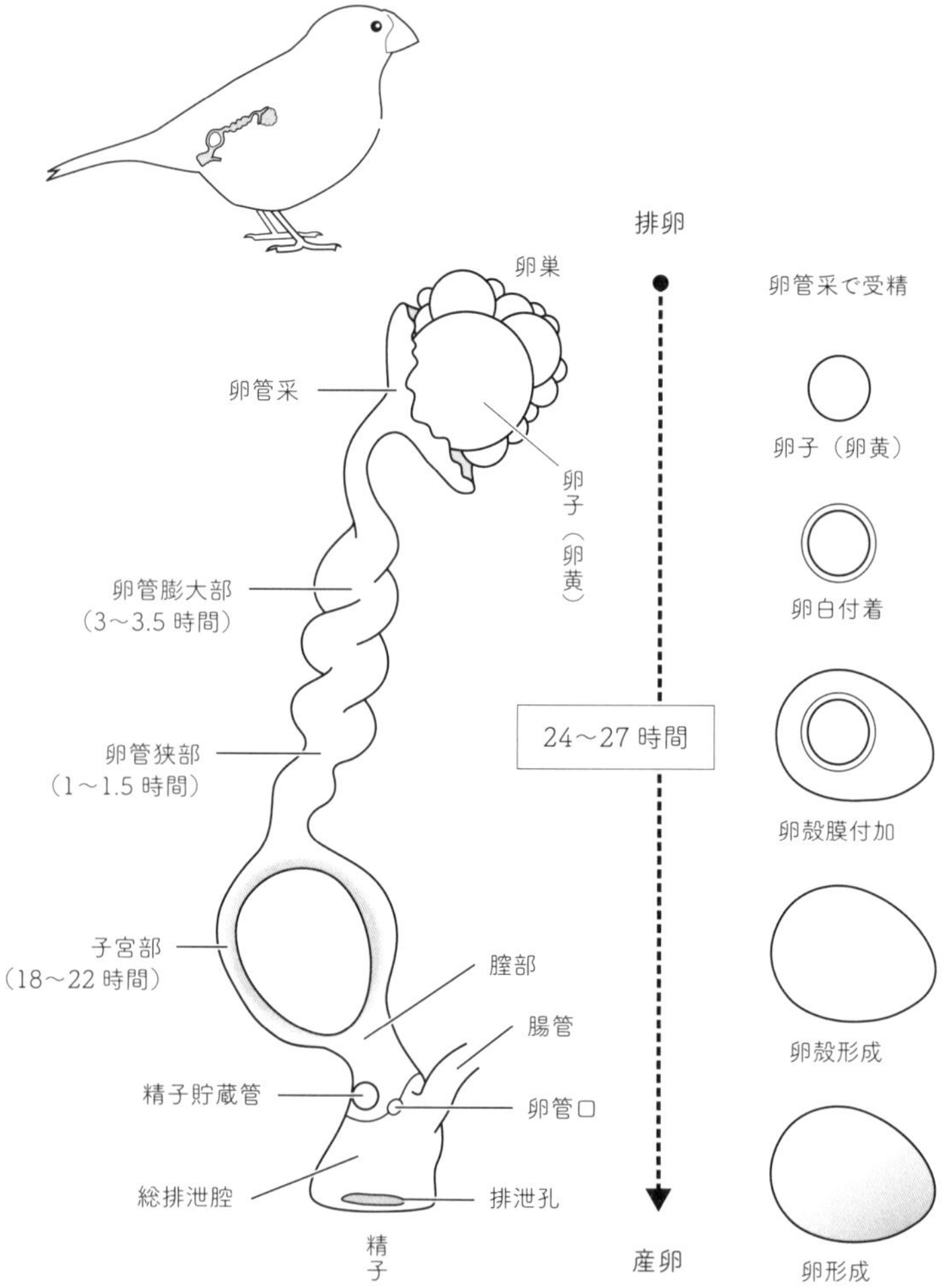

卵にまつわるQ.4
発情行動があるけど卵ができないのはなぜ？

A. 排卵されていないことが多い

卵ができない理由は、発情はしたけれども卵胞が成熟しなかったか、成熟卵胞ができたとしてもなんらかの原因で排卵しなかったことが考えられます。「産卵に至らなくてよかった」と思う方もいるかもしれませんが、発情行動があること自体が鳥の体にとっては負担をかけるものです。たまたま排卵に至っていないだけなので発情抑制は必要です。

メスの体内の卵胞が十分に育たないまま発情が止まってしまったり、排卵を促す黄体形成ホルモンが排出されなかったために排卵が起きないこともあります。なかには体質的に卵胞が育たなかったり、排卵障害がある鳥もいます。

排卵しなかった成熟卵胞がどうなるか心配される方もいますが、これらはすべて、発情が止まるとゆっくりと体内に吸収されます。排卵前に発情抑制ができれば、メスの体への負担がぐっと減らせることができるのです。

卵にまつわるQ.5
お腹に卵があるとわかったら？

A. まずは環境を整え、産卵を促す

体内に卵があるとわかった場合は、すぐに産卵に適した環境を準備しましょう。卵詰まり（卵塞症）を起こすと、死につながる危険性が非常に高いです。特に初めて卵を産む場合や老齢の場合は、難産や卵詰まりを起こしやすいので注意が必要です。

体内の卵を確認したら、まずは温度が適正かあらためて確認します。気温が低い場合は必ず保温します。季節の変わり目などは朝晩急に気温が下がるこ

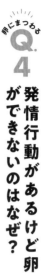

ともあるので、ヒーター類も出しましょう。寒いと鳥の交感神経が有意になり、体が緊張状態となって卵詰まりを起こしやすくなります。気温が高い場合は冷房をかけて暑がらない温度に設定しましょう。暑いと口をパクパクさせて体温を下げようとするパンティング（開口呼吸）を行います。この状態が続くと過換気症候群になり、体内の二酸化炭素を排出しすぎてしまいます。その結果、卵殻の成分となる炭酸カルシウムがつくれなくなり、薄い卵殻になり、産卵することができずに卵詰まりになることもあります。

産卵は通常は巣の中で行われます。リラックスできる、落ち着いたいつも通りの環境を心がけましょう。産卵に慣れない飼い鳥の場合は、ケージの底面などで産卵してしまうこともありますが、産む場所を選ぶのは鳥自身なのでそのまま見守ってあげてください。

いつもの放鳥時間でもケージから出たがらない場合は、無理に出さなくてかまいません。うずくまってばかりいたり、脚や翼に力が入らないような場合は無理な保定や手で抑えるなどのことは避けましょう。この場合は低カルシウム血症や骨軟化症を起こしている可能性があり、虚脱（全身の力が入らない状態）や骨折の危険があるので、すぐに病院へ連れて行きましょう。

卵にまつわるQ6

お腹に卵がつくられている場合の体重増加の目安は？

A. 1日に体重の5～10％増えたら注意

食事制限していない場合、もしくはうまくできていない場合は、発情すると体重が増加しますが、卵ができるとそこから急に1日で体重の5～10％増えてしまいます。

卵にまつわるQ7

うずくまっていたらどうすればいい？

A. お腹に卵があるか確認を

まずはお腹に卵があるかどうかを確認するのが先です。飼い主さんの判断がつかない場合や、食事をまったく食べないほどうずくまっていたら卵詰まりを起こしている可能性があるので、すぐに受診しましょう。卵がある場合は無事に産卵させ、産卵後に食事制限をスタートします。卵がなければ、すぐに食事制限を始めて次に卵をつくらないように準備します。

卵にまつわるQ8

お腹に卵があるときの食事は？

A. 食事制限しつつ、栄養豊富な食事メニューに変更を

食事はメスの体力づくりのために重要です。卵の成分であるタンパク質とカルシウム・ビタミンDの補給をしつつ、肥満しないよう食事制限は継続しましょう。

【カルシウム補給】

○カトルボーンをケージに入れる。カトルボーンをかじらない場合は、削ったり粉状に細かく砕いていつものエサ箱に混ぜ込む。

○ボレー粉は細かく砕いて別のエサ箱に入れておき、食べないようであればいつものエサ箱に混ぜる。

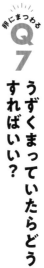

【ビタミンD補給】

○ビタミンDのサプリメントは完全シード食の場合のみ与える。ペレット食であれば栄養過多になるので不要。サプリメントは「ネクトンS」がおすすめ。

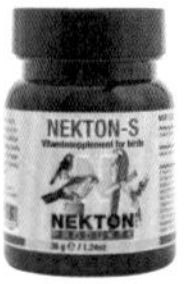

【推奨できる産卵前のペレット】

○ラウディブッシュ　ブリーダータイプ（写真右）

○ハリソン　ハイポテンシー（写真左）

どちらもタンパク質が多い。

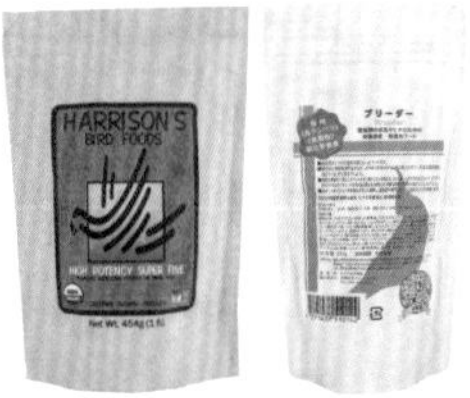

卵にまつわる

Q9 一度に産む卵の数は決まっているの？

A. 鳥種によって決まっている

1回の繁殖で産む卵の数（1クラッチ／一腹）は鳥種によって異なります。

産卵のペースは、インコ・オウム類は1日おき、フィンチ類、ウズラ類、ニワトリは毎日です。ただし、飼い鳥は産卵に間が空くこともあるので参考程度としましょう。

鳥種によって一度にできる卵の数に限りがあるのは、産卵様式と密接な関わりがあります。1回の発情で発達する卵胞の数によって産卵様式が変わるためです。文鳥などのカエデチョウ科は確定産卵鳥が多く、ウズラやニワトリなどのキジ目は不確定産卵鳥であることがわかっています。残念ながらインコ・オウム類の多くの種については、まだ多くのことが解明されていません。

確定産卵鳥は1回の発情で発達する卵胞数が決まっているため、決まった数しか産卵しません。卵を撤去してもそれ以上の数を産むことはなく、ある程度決まった数を産めば発情も止まります。

不確定産卵鳥は、発達する卵胞の数に制限がありません。このため、1回の繁殖時に産む卵の数（1クラッチ分）が揃うまで、産み続けます。「卵が揃ったかどうか」は母鳥が抱卵している際に、胸から腹部にあたっている卵の感覚で認識していると考えられています。

このため、不確定産卵鳥の卵をすぐに撤去してしまうと、母鳥に「卵が揃わない」と認識させてしまい、さらなる産卵を促してしまいます。しかし、この習性を利用して、産卵しているところを見つけたらすぐに偽卵を与えるようにすると、「卵が揃った」と誤認して産卵を止めることができます。確実とは言い切れませんが、不確定産卵鳥に対しては偽卵の効果が期待できる可能性はあります。反対に、確定産卵鳥に偽卵を与えても抱卵によって産卵を阻止する効果は低いと考えられます。

卵にまつわる Q10

偽卵は効果があるの？

A. 鳥種によってさまざま

偽卵には二つの役割があります。一つは抱卵を誘発する効果です。発情期から抱卵期へ移行するのを促すことで、発情を止められます。メスは抱卵している間は、基本的に発情しません。前述の通り、確定産卵様式の鳥の場合は、偽卵の効果は期待できませんが、不確定産卵鳥には効果が望めます。

二つめは、視覚的に卵を見せることで発情を抑制できる可能性です。オス・メスともに卵を見ると、脳の下垂体からプロラクチンというホルモンが出ます。プロラクチンは人の乳腺に作用するホルモンで、乳汁の分泌などを調整します。鳥類では、性ホルモンを抑制する効果があるとされるため、発情抑制効果が期待できます。

鳥に偽卵を視覚的に見せて発情抑制効果を期待するならば、ケージ内に抱卵できる場所を設置し、1クラッチ分の偽卵（表参照）をまとめておいて置きます。メスに抱卵させる場合は、抱卵できるような皿状の容器に入れておくと良いでしょう。

卵にまつわるQ11 いつまで抱卵させるべき？

A. 鳥が満足するまででOK

産卵後、抱卵をしない鳥もいますし、無精卵であっても大事に抱卵し続ける鳥もいます。卵を撤去するタイミングは、鳥が抱卵しなくなるまで。ただし、

偽卵を含めて抱卵を経験させてしまうと、抱卵後に発情しやすくなる傾向があるので、抱卵による発情抑制は、ほかの対策がうまくいかない場合に検討しましょう。

鳥種別・卵にまつわる早見表

鳥種	1クラッチ	産卵様式	偽卵の抱卵による産卵抑制効果
セキセイインコ	4～7個	不確定産卵鳥 論文によっては確定産卵鳥	○
ラブバード	3～8個	確定産卵鳥	×
オカメインコ	4～7個	不確定産卵鳥	○
アキクサインコ	3～6個	不明	不明
サザナミインコ	2～4個	不明	不明
マメルリハインコ	4～6個	不明	不明
ホオミドリウロコインコ	4～6個	不明	不明
コガネメキシコインコ	3～4個	不明	不明
シロハラインコ	2～4個	不明	不明
ヨウム	3～5個	不明	不明
文鳥	4～7個	確定産卵鳥の可能性	×
キンカチョウ	4～6個	確定産卵鳥の可能性	×
カナリヤ	3～5個	確定産卵鳥	×
ウズラ	不明確	不確定産卵鳥	○
ニワトリ	不明確	不確定産卵鳥	○
アヒル	不明確	不確定産卵鳥	○
ハト	2個	確定産卵鳥	×

卵にまつわるQ12

産卵後に出血がある

A. 元気なら問題なし

産卵時に卵管口が切れて出血するケースがあります。鳥が元気な様子で、卵に血がつく程度なら様子見でかまいません。フンなどの排泄物に血が混じり続ける場合は病院で診てもらいましょう。

卵にまつわるQ13

産卵後、お尻から赤いものが出ている

A. すぐに病院へ！

お尻から赤いものが飛び出ている場合はすぐに病院に行きましょう。産卵時に卵管口が十分に開かないと総排泄腔（クロアカ）が反転し、それに卵が包まれた状態で出てくることがあります。また、産卵後に卵管口が収縮せずに卵管が反転して出ることもあります。これらが総排泄腔脱や卵管脱です。

この場合、病院に行くまでに粘膜が乾燥しないよう、ワセリンやオロナインなどを塗布し、早急に病院へ行きましょう。このときに、スーッとするようなメントール入りの軟膏は絶対に塗らないでください。

卵にまつわるQ14

産卵した卵を食べた！

A. 問題ありません

卵を食べることもありますが、放っておいてかまいません。野生下の鳥も食べることがあります。

卵にまつわる Q15

卵の形がおかしい

A. 過産卵や加齢、カルシウム不足が原因

卵によって若干の差はありますが、形や大きさはある程度決まっています。大きすぎたり変形している、殻が薄かったり軟卵(殻がない卵)の場合は、過産卵や加齢による卵管の機能不全、カルシウム不足などが考えられます。

また、排卵せずに卵白だけで卵ができることもあり、この場合は小型の卵ができます。慢性発情や卵管内の分泌物が多かったなどの理由があります。

軟卵になる主な原因は、過産卵やカルシウム不足、卵管の機能不全などが考えられます。カルシウム不足による低カルシウム状態だと筋肉が収縮しないため、うまく息むことができなくなります。また、産卵時には卵殻の表面に粘液が付着して潤滑の役割をしますが、軟卵は卵殻がないのでザラザラとして滑りにくいために卵詰まりを起こしやすいのです。お腹に卵があるとわかった時点で、カルシウムはしっかり与えるようにしましょう。

卵にまつわる Q16

産卵後のアフターケアは?

A. 体調を見ながら決める

健康な鳥であれば、通常は約1時間ほどで体調は元に戻ります。1時間経過しても元気がなければ病院に行きましょう。産卵後もいつも通り元気であれば、すぐに食事制限をスタートし、次の産卵を防ぎます。

3章

発情抑制につながる暮らし方

鳥の気持ちを一番に考えた発情対策を

発情対策を行ううえで一番大事にしたいのは鳥のＱＯＬです。ＱＯＬとは、quality of life、すなわち生活の質を意味します。ＱＯＬを重視した暮らし方こそが鳥にとって一番幸せなはずです。発情対策によってＱＯＬが脅かされていないかどうかを常に考えましょう。

ＱＯＬを無視した発情対策の例は、「鳥を見ない、触らない、話しかけない」です。また、昔からよく発情対策とされているのが、鳥にストレスを与える行為です。ケージを頻繁に移動する、嫌いな鳥の横に配置するといった行為は、確かに鳥に「繁殖しにくい環境」と認識させる効果があるため、発情抑制の効果が出ることもあります。実際にストレスによって分泌されるコルチコステロンは、発情を抑制する効果があることが科学的にわかっています。しかし、全面的にスト

レスフルな生活を送ることは、たとえ発情を抑制できたとしても鳥の幸せにはつながらないはずです。

発情対策は1章でも解説した通り、残念ながら終わりはありません。鳥が健康に生きる限り、対策を続けなくてはいけないということは、飼い主さんにとっても精神的な負担が少ないほうが望ましいはずです。「一生発情対策しなきゃいけないの⁉」と思う方も当然いるかと思いますが、むしろ「鳥はそうした飼い方をすべき生き物」という考えが広まることこそが、鳥にとってのQOL向上につながると考えます。

飼い主さん自身の価値観を見つめ直す

鳥に対して飼い主として、どんな価値観を大事にしたいでしょうか。大きく分けて鳥の「心」を大切にするのか、「体」を大切にするのかという2つの価値観があります。心を大切にするというのは、鳥の好きなことをさせたい、鳥に我慢をさせたくないという考え方です。体を大切にするというのは、健康を考えた生活をする、健康のために多少なりとも我慢させる考え方です。

具体的な例を発情抑制の一環である食事制限で見てみましょう。鳥の心を重視する飼い主さんに食事制限を提案すると「おなかいっぱい食べられないのはかわいそう」「多少体に悪くても好きなおやつをたくさん食べさせてあげたい」と答える方が多くいます。一方で体を大切にと考える方は「食べ過ぎは人間と同じで肥満につながる。長生きしてほしいのに結果的に短命になってしまう」「体に悪いものを食べていることで将来病気になる方が鳥にとって不幸だ」と答えるケースが多いです。こうした飼い主さんの価値観は人それぞれなので、SNSで論争が起きたり、価値観の変動が起きるとどちらかに意見が傾いたりもします。

飼い主さんにとって鳥は家族であり、守るべき存在でしょう。しかし鳥はすぐにおとなになる、本来は自立した存在であり、とりわけパートナーの存在を重要視する動物です。私たちはそうした鳥の生態や本能を理解したうえで愛情をもって適切に飼育する義務があります。

そして、発情抑制を指導すべき立場にある獣医師にとって鳥はどんな存在かというと、少し冷たいようにも聞こえるかもしれませんが、診療対象動物です。鳥という生き物、個性や症状をもった鳥に対して、「さぁ、この鳥の発情をどうしたら止められるかな」を最優先に考えます。そのため

発情抑制として、獣医師によっては医学的な知見を優先するあまりに、先ほど例に挙げた「鳥を見ない、触らない、話しかけない」「刺激しない」「早く寝かせてあまり相手しない」という提案を出してしまうようです。これは鳥と飼い主さんの気持ちを考えずに、ただ発情抑制だけを考えた指導法になるので、推奨されることではないと考えます。私が理想とする発情抑制は、鳥と飼い主さんの気持ちを考えて、医療も含めたバランスが取れた方法です。発情抑制の指導内容は、病院や獣医師の価値観によって違いがあるのが現状です。飼い主さんにできることは、信頼する獣医師の指導内容が鳥のＱＯＬを下げるものになっていないか、飼い主さん自身が行うにあたって違和感がないかを考え、指導通りに行うかの検討です。指導法が合わない場合は、セカンドオピニオンを受けるという選択肢もあります。

発情抑制のステップ

　まずはフローチャートで対策のおおまかな流れを確認しておきましょう。メスは発情抑制、オスは発情軽減を目標とします。

　発情抑制で最初に飼い主さんができることは、飼い方・接し方の改善です。環境を整えるのは飼い主さんのお仕事ですから、食事管理や温度管理など、基本的なことを見直していきましょ

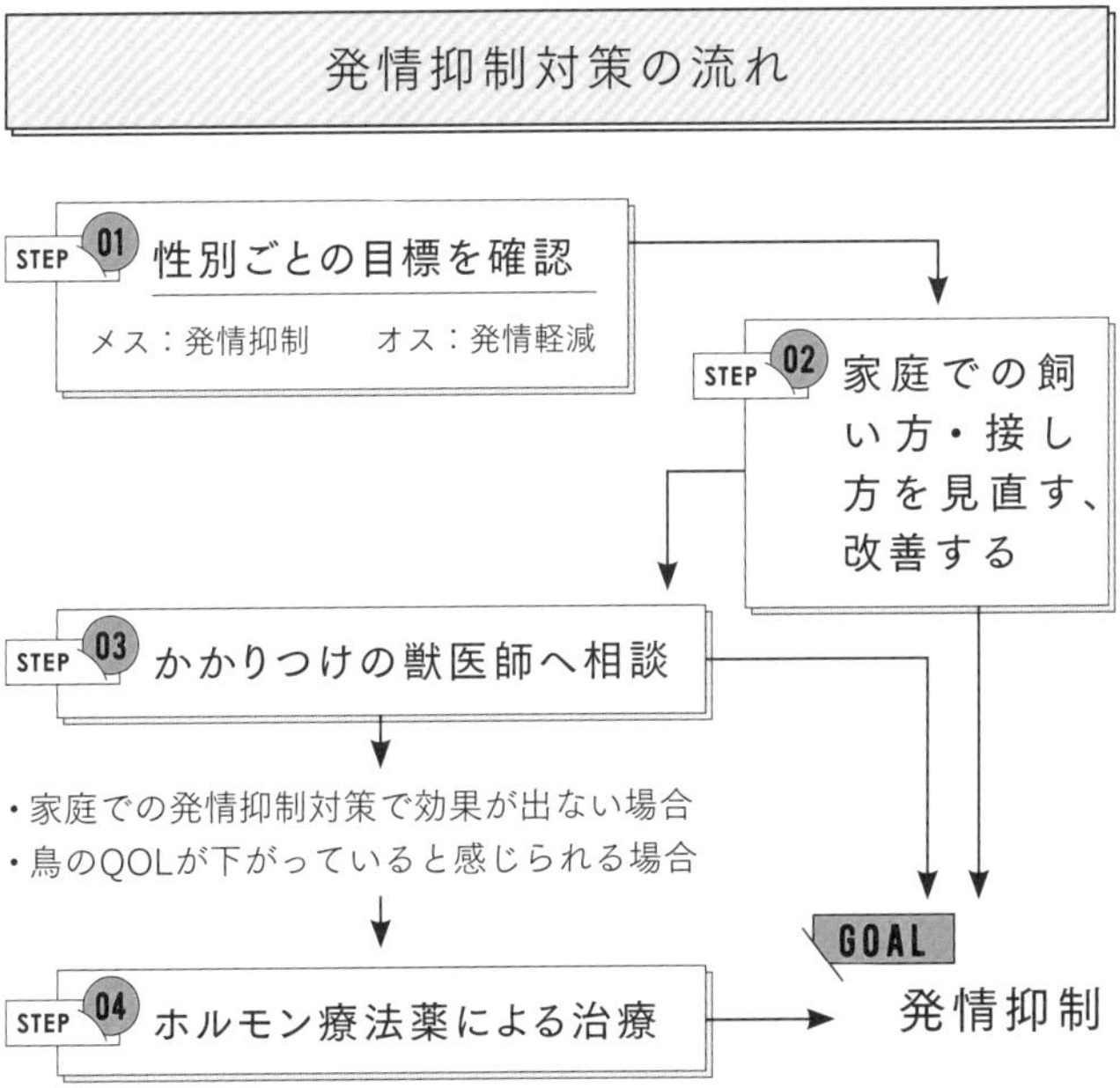

発情抑制対策の流れ
STEP 01 性別ごとの目標を確認
メス：発情抑制　オス：発情軽減
STEP 02 家庭での飼い方・接し方を見直す、改善する
STEP 03 かかりつけの獣医師へ相談
・家庭での発情抑制対策で効果が出ない場合
・鳥のQOLが下がっていると感じられる場合
STEP 04 ホルモン療法薬による治療
GOAL
発情抑制

う。繰り返しになりますが、記録に残る数字だけを見るのではなく、鳥のＱＯＬを常に飼い主さん自身が確認することを心がけるようにしましょう。

発情を起こす9つの要因

性成熟した鳥の発情が始まるには、いくつかの要因があります。それらが複合的に絡み合い、鳥の自己複製本能のスイッチが入り、発情が始まるのです。具体的には十分な食物、過ごしやすい快適な温度、繁殖に適した日長、巣・巣材の有無、ペアの存在など、さまざまな条件が整うと発情につながります。このほかにも湿度が高い、緑色の植物が見える、ストレスが低い、退屈といった要因も関連しますが、多くの要因が複合的に関連して起こると考えられています。本章ではこれらの9つの要因について、それぞれ詳しく解説します。

Ⅰ 十分な食物

野生下において、繁殖期と非繁殖期との決定的な違いは、鳥が生活する環境に十分な食物があるかどうかです。食物が少ないと食べられるものを探し回らないといけないので、運動量が増えてヒナを育てる食物量も時間も確保できないため、鳥は繁殖期に入りません。発情を抑制するには、飼い鳥も非繁殖期と同じような状況に置くことが理想だと考えて

発情を引き起こす9つの要因

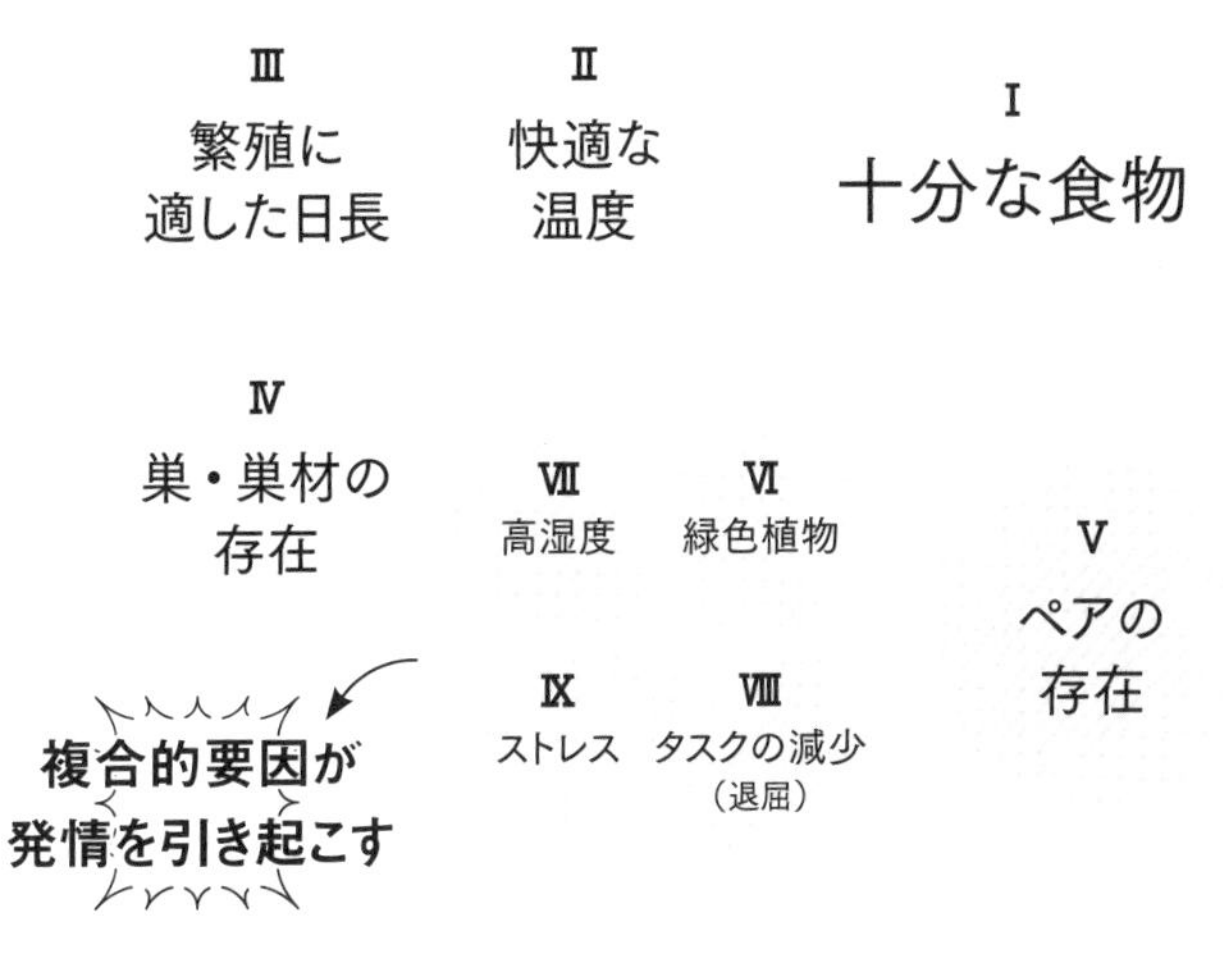

みましょう。そのため発情抑制には、食事制限をする、運動を増やす、食事にかける時間を長くすることが必要となります。

❶食事制限

少し前まで、飼い鳥はエサをたくさん置いておかないとすぐに死んでしまうと言われていましたが、実は常にエサがある状態こそが発情を促していると最近の研究でわかってきました。食事制限という言葉を聞くと、なんだか鳥にとってはかわいそうな気もしますが、実際に鳥以外のペットのほとんどは、決まった量のエサを決まった食事の時間に与えられることが普通です。発情対策における食事制限とは「これからは鳥もほかのペットと同じように飼いましょう」という提案なのです。食事制限をする場合、1回に決まった量を与えることになります。それを食べきったらエサがなくなります。この「エサがなくなる」のがポイントです。エサがない状況を鳥に視覚的に見せることで、自己複製本能のスイッチをオフにすることができるのです。

実際に、鳥が発情するにはどのくらいの食事量が必要なのでしょうか。下の図表で見るように、繁殖期のセキセイインコ1羽が1日に必要とするカロリーは、非繁殖期の約5倍です。発情期に入るにはたくさんの食物が必要ということです。

〈食事制限の実践〉

実際にどのように食事制限を行うかを解説していきましょう。

セキセイインコ1羽が1日に必要なエネルギー

	(kcal)	カロリーをキビに換算したグラム数 (g)
非繁殖期	11.5～30.6kcal	3.1～8.4g
繁殖期	57.7～60.3kcal	15.8～16.5g

※繁殖期の必要エネルギー数はつがいの必要エネルギー数を2で割った数値。

もちろん食事制限をするわけですから、多頭飼いであっても、ケージは1羽ずつに分ける必要があります。必要なカロリー数には個体差があり、年齢や季節、換羽の有無によっても変化するため、大体の目安で食事制限はせず、必ず次のステップで行いましょう。

ステップ1：食事量を調べる

まずは食事量を調べます。エサ箱にエサを入れた状態で重さを量り、1日経ったら再度エサ箱の重さを量って、どのくらい減ったかを記録しましょう。皮付餌の場合は、剥いた皮を除いてから量ってください。1日で判断するのではなく、必ず3日以上調べて平均値を算出しましょう。シードとペレットの

食事制限の方法

STEP 01 食事量を調べる

STEP 02 朝の体重を量る

STEP 03 食事量を決める

STEP 04 目標体重を決めて食事量を調整する

両方を食べている場合は、それぞれの食事量を調べてください。この際、野菜とカルシウム類（カトルボーンやボレー粉など）は量らなくてかまいません。

ステップ2：朝の体重を量る

朝ごはんを食べる前に体重を量りましょう。夕方〜夜に量ると体重の変化が大きいためです。体重を量るのは0・1〜1g単位で量れるデジタルのクッキングスケールを使うのが一般的です。

ステップ3：食事量を決める

1の食事量、2の体重を見て、鳥に合った食事量を決めます。必ず100ページの表を参考にして、体重が重すぎないか、食事は最低摂取量を下回りすぎないかを確認しましょう。体重が重い場合は、現在の食事量よりも減らします。減ら

鳥種ごとの目安体重と1日の最低食事量

鳥種	目安体重	1日の食事量 （最低目安）
セキセイインコ	30～45g ジャンボセキセイ：45～60g	3g ジャンボセキセイ：4g
ラブバード	コザクラインコ：50～55g ボタンインコ：45～50g	4～4.5g
文鳥	23～28g	2～4.2g
オカメインコ	85～100g	5～7g
ウロコインコ類	65～75g	6g
キンカチョウ	10～15g	2.3g
サザナミインコ	45～55g	4g
マメルリハインコ	28～32g	3g
シロハラインコ類	115～135g	8.5g

巻末付録にも、他の鳥種のデータを掲載しています。表の目安体重は、一般的な平均値です。体格が小さかったり、大きい場合にはあてはまらないこともあります。目標となる体重がうちの子に合っているかどうかは、BCSも必ず確認してください。

す目安は、0・5〜1gと少しずつにしましょう。食事は1回に全部与えるのではなく、2〜3分割して与えます。

目安体重の範囲におさまっている場合は現在の食事量を1日に2〜3分割して与えるだけで、一気に食べるのを防ぎ簡易的な食事制限になります。3分割以上に分けられる方は、もっと分けて与えても大丈夫です。また、体重だけでなくボディコンディションスコア（BCS）も確認をしましょう。

ボディコンディションスコア（BCS）とは、鳥の健康状態を測るのに最適な指標といわれています。普段はふわふわの羽で覆われているため、どのくらい体に肉が付いているかを見るのが健康維持をチェックするのに重要なのです。

鳥の胸の中央には竜骨突起という、両翼を支えて羽ばたかせるための大きな土台となる胸骨があります。BCSはこの骨の左右にどれだけ筋肉がついているかを評価する指標であり、別名、キールスコア（胸骨の指標）とも呼ばれます。

ボディコンディションスコア（BCS）を調べよう

BCS 2

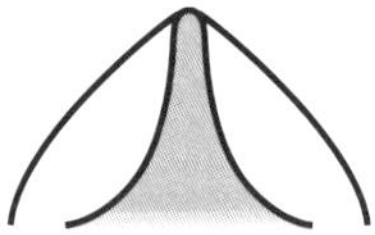

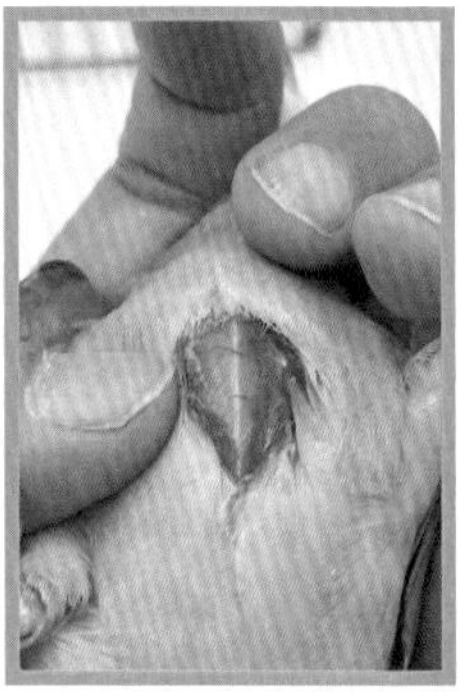

痩せている

BCS 1

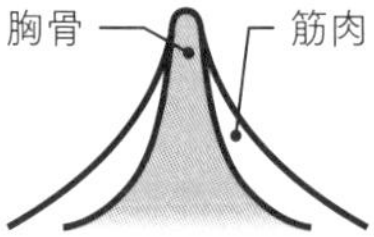
胸骨
筋肉

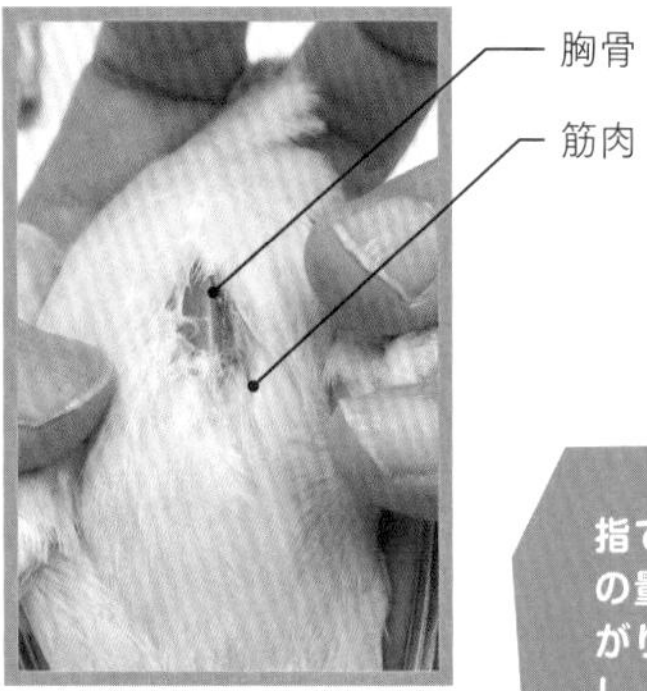
胸骨
筋肉

痩せすぎ・危険

指で触って胸筋の量や胸骨のとがり具合を確認し、BCSを判断します。

BCSの見方

鳥を保定して、指で羽をかきわけて露出する骨と筋肉の量を確認します。毎日の体重測定で健康を維持するのはもちろんですが、その体重に対して肉付きはどれぐらいあるのか、ということを定期的に見ておくことが重要です。鳥の保定が難しい場合は、病院で診てもらいましょう。

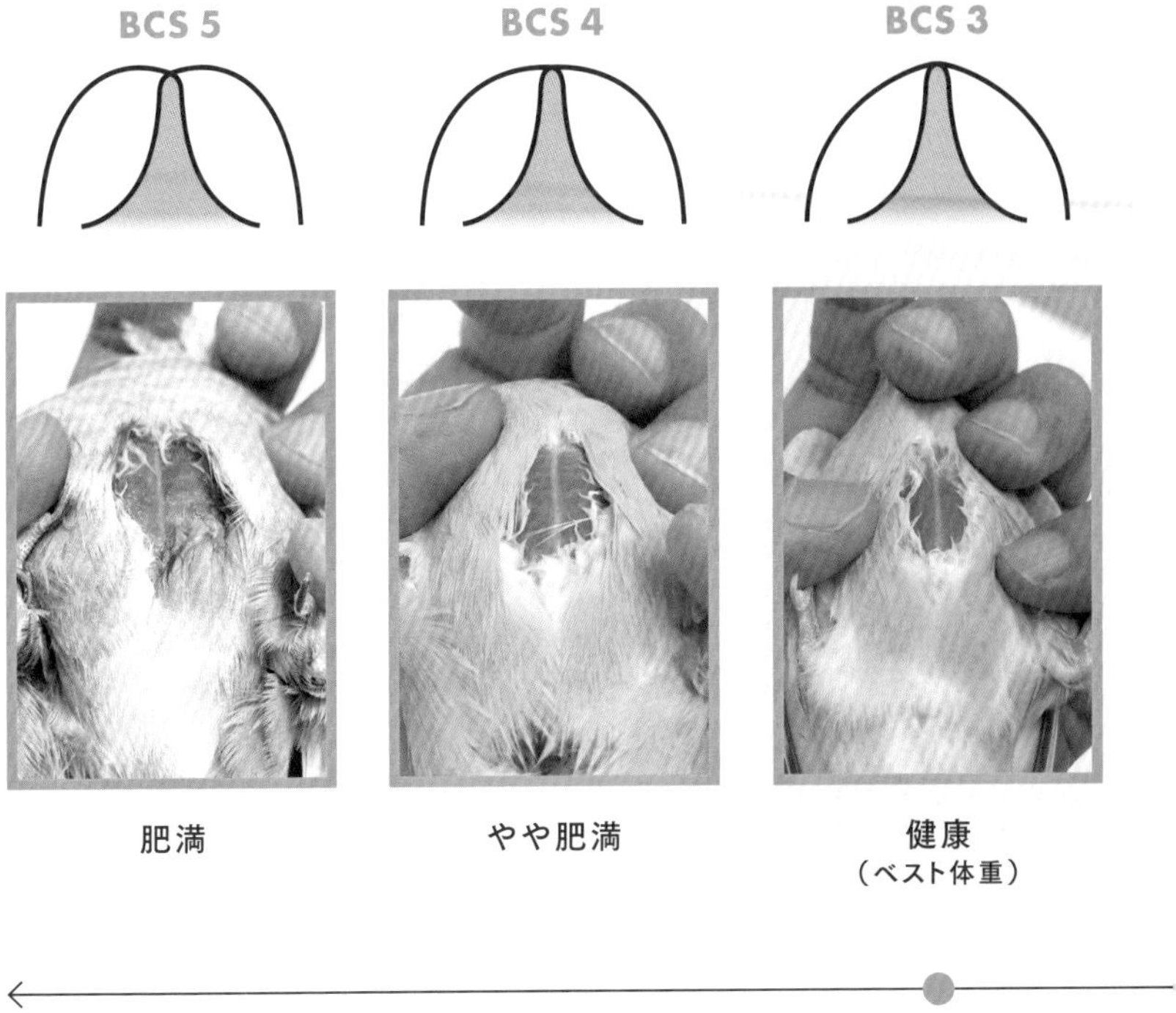

ステップ4：目標体重を決めて食事量を調整する

体重が重いのにステップ3を3日以上続けても体重が減らない時は、さらに食事量を減らします。この時も0・5〜1gと少量ずつ減らしましょう。反対に、小型鳥で体重が1日に1g以上減ってしまう場合は、食事量を減らし過ぎなので、少し増やします。体重は3日で1g減るくらいのペースであれば調子を崩しにくくなります。

体重が維持されていれば今の食事量が適切ということですが、体重を量らずに同じ食事量だけを続けていると体重が増えてしまったり、逆に減り過ぎてしまうことがあるので、油断せずに毎日体重を量って、食事量を調整しましょう。

繰り返しになりますが、体重だけでなくBCSをきちんと調べるのが鳥の健康には必要不可欠です。BCS3が理想で、BCS2以下の場合は食事制限しすぎです。BCS4以上の場合はもう少し体重を落とす必要があります。

みんなの食事制限事例集

実際に食事制限に挑戦してくれた鳥さんたちをマンガでご紹介します。

【CASE STUDY 1】文鳥（♀）①

食事制限をはじめて1週間経過――
29g
1日4gに変更してみよう！
朝 1g
昼 1g
夜 2g
?
ちょっと減った？
さらに3日経過
文鳥の体重24g
24g
一気に体重が減りすぎてしまったので1日4・5gに増量
1か月後
ぴょん
ぴょん
25g
1日4・5～5gで体重25gを安定してキープできるように！

海老沢先生のコメント

食事制限によって体重が急激に減りすぎてしまうこともあります。こうした異変にいち早く気づくために、毎日の体重測定は必ず行いましょう。

【CASE STUDY 2】セキセイインコ（♀）①

二週間後
体重
44gに!
48g
44g
よく
できました!
しかしその後、停滞期に突入。シードをさらに1g減らすことに
シード
シード ペレット
朝 1g 1g
昼 0.5g 1g
夜 0.5g 1g
計5g!
さらに二週間後、40gに減量
イエイ!
40g!
すごい～!
シードを減らすのに慣れてきたから、シードはさらに減らして1日1・5g、計4・5gで目標体重を目指そう!
たまには
シードも♫

海老沢先生のコメント

食事制限を続けていると、どうしても体重の停滞期が訪れることがあります。この場合はシード量を見直す、運動をして代謝を上げるなどの対策をしましょう。

シードからペレットへの切り替え方法

主食がシードのみという場合は、この機会にぜひペレットへの移行にチャレンジしてみましょう。ペレットは総合栄養食と呼ばれ栄養価が高く、健康的な体づくりには欠かせないものです。ペレットは病気の療養食としても用いられる商品があり、健康なうちから食べられるようになっておくと安心です。シード主食で育ってきた鳥こそ、ペレット移行が難しい場合もありますが、ペレットを主食に、おやつや食事の楽しみとしてシードを食べるようになるのが栄養面から考えると理想的です。

STEP 01 シードの量を減らす

1 1日の食事量を調べる際に、あわせてシードをどのくらい食べているかを調べる

2 シードを与える量を1日2～3回と小分けにし、体重を量りながら適正のごはん量にする

STEP 02 ペレットを試す

- いつものエサ箱にペレットを入れて試してみる
- 放鳥時に飼い主さんが食べているふりを鳥に見せ、その後鳥にも「これ、おいしいよ」と言いながらあげる
- ペレットをミルで粉状にしてシードや好きな野菜、果物にふりかける
- さまざまなメーカーのものや着色タイプなどを試す

ペレットを少しでも食べている様子が見られたら、いつものごはんにプラスしていきましょう。最初は1gずつでもかまいません。あせらず、いろいろな方法を試してください。

【CASE STUDY 3】オカメインコ（♀）

海老沢先生のコメント

甘えん坊な鳥さんとそれに弱い飼い主さんの組み合わせでは、上記のケースがまま見られます。大事に至る前に健康診断で現状をしっかり把握しましょう。

【CASE STUDY 4】コザクラインコ（♀）

ずっと発情しているので食事制限を続けているピッピちゃん
たまにかんじゃう
甘がみ強め女子
食事制限中なのに体重が増えているのに気づき、病院へ…
お腹に卵を発見！
レントゲンでは骨髄骨もかなり多いことが判明
病院で過発情と診断を受け、ホルモン療法薬治療開始！
通院ガンバル!!

海老沢先生のコメント

飼い主さんの毎日の体重測定によって、お腹に卵があることを早期発見できた好例です。骨髄骨も多くかなり発情が強い場合は治療をおすすめします。

〘CASE STUDY 5〙モモイロインコ（♀）

海老沢先生のコメント

今までの食事で肥満ぎみという場合は、脂肪分の高いシードを好んで食べている場合が多いようです。シードの中身を見直し、健康に良いものにシフトしていきましょう。

【CASE STUDY 6】セキセイインコ（♂）

海老沢先生のコメント

食事制限はもちろんオスにも効果的です。発情まっさかり、いつも点目でモフモフしていたこのセキセイインコさんも、根気よく対策を続けることで顔つきに変化があらわれました。

COLUMN

食事制限の注意事項

- 小型鳥の場合、1日に1gずつ体重が減ってしまう場合は危険です。食事量を0.5g追加するなどして、体重が早く減りすぎないよう注意しましょう。
- 中型・大型鳥の場合は2gずつ体重が減る場合に注意を。食事量は1g～調整します。
- 食事の最低摂取量は必ず守ってください。それでも体重が減らない場合は、代謝の低下やメスの場合はお腹に何かできていることもあるので主治医に相談しましょう。
- ステップ2で体重を調べた際に値が正常だった場合は、食事量を減らす必要はありません。ただし、エサ箱に常にたくさんエサを入れて置くのをやめ、1日に体重を維持できる量だけを与えるように徹底しましょう。
- 一度決めた食事量をそのまま維持していればいいというわけではありません。換羽期や寒い時はカロリー要求量が増え、暑い時はカロリー要求量が減ります。環境や鳥の状態によってカロリーの要求量が変わるため、毎日体重を量り、その時の体重に合わせた食事量を都度コントロールするようにしましょう。

【体重測定の仕方】

鳥が体重計に乗るのが難しい場合は、小さなケースや箱（風袋《ふうたい》）を先に体重計に乗せてメモリをゼロに設定し直してから、そこに鳥を入れると逃げられずに正確な体重を量ることができます。鳥がケージ内で逃げ回ってうまく捕まえられない場合は、ハンカチやハンドタオルを使って鳥にかぶせる方法もありますが、くれぐれも鳥がケガをしないよう注意してください。

鳥の保定自体ができない場合は、最低でも1g単位で量れる大きなスケールにケージごと乗せてから放鳥し、その差を量るといった方法があります。

体重計を怖がる場合は、体重計を普段のケージから見える範囲に置いておき、体重計を視覚的に慣れさせて徐々に体重計への恐怖を取り除きましょう。お気に入りのとまり木を体重計の上に乗せる、好きなエサやおやつ（カロリーには要注

意）で体重計の上まで誘導する、などの慣れさせる練習をすることで乗れるようになる子もいます。発情対策に関係なく、鳥の体重を量ることは健康管理においてとても大事なことなので少しずつできるようになることを目指してください。

【人に馴れていない場合】

一切ケージから出せない場合は、無理にやるとストレスが強くかかってしまうので注意が必要です。この場合は、夜間はエサ箱を外してみましょう。夜間もエサ箱にエサが入っている状態だと、夜にたくさん食べている子がいるのです。夕方～夜になったらエサ箱ごと外して、また朝にエサ箱を入れる。これで簡易的な食事制限とすることもできます。ただし体重を把握するのはとても大事なことなので、どうしても体重が量れない場合は病院で実施してもらい、今後のことも相談するのが良いでしょう。

【オスの発情吐出が多い場合】

発情吐出でエサを吐いてしまう場合でも、与えているエサの量を1日の鳥の摂取量として量ります。体重が減らないことを日々の体重測定で確認しながら、0・5～1g程度ずつ食事量を減らしてみてください。食事量が減って吐く量が減るかを確認します。エサがない時間ができたことで無駄に食べる量が制限されたり、吐くと空腹になるため吐いた後もすぐ食べるようになることもあります。食事制限をすることで発情が軽減され、吐く回数が減ることも多いです。

【ペアのオスがメスにエサを与えてしまう場合】

ケージを分けていても、放鳥中にオスがメスに食事を与えてしまうというパターンもあります。この場合はオス、メスともに食事制限をしましょう。放鳥は必ず食間に行います。それぞれのケージで1回分の食事を与えて、食べ終わって1

時間以上の時間を空けてから放鳥しましょう。オスのそ嚢《のう》内のエサがなくなったタイミングで放鳥することで、オスがメスにエサを与えるのを防ぐことができます。

ペアで同居している場合は、食事の時だけケージを分けて与え、食べ終わって1時間以上時間空けてから一緒にすることで、オスがメスに与えるのを防ぐことができます。

【産卵してしまう場合】

普段から食事制限をして目標体重を維持しているにもかかわらず産卵してしまった場合は、設定した目標体重が合っていない可能性があります。肉付き(ボディコンディションスコア・102ページ参照)を再度確認し、適正かどうかを判断しましょう。スコアが高いようであれば目標体重をもう少し低く設定して食事量を減らします。しかしスコアが低くなっている場合は、身を削って産卵している状態なので様子を見ていい状況ではありません。この場合は、食事制限だけで発情を抑えるのが難しいため、病院でホルモン療法薬による治療を検討をしましょう。

【換羽中の場合】

換羽期は、新しい羽をつくるためにタンパク質が必要となる時期です。食事から十分にタンパク質が取れないと、筋肉を壊して羽の材料とするので、体重が下がりやすくなります。そのため、今までと同じ食事量だと体重が下がってしまう可能性があるので、必ず毎朝体重をチェックしましょう。体重が下がる場合には、目標体重を維持できる食事量に増やしましょう。本来、野生では繁殖期が終わると換羽期が来ます。飼育下のメスは発情が止まると換羽が始まる傾向にありますが、ホルモンバランスが乱れているメスは、発情しながら換羽することもあります。飼育下のオスは換羽中も完全に発情が止まらないことが多く、特にセキセイインコに多く見られます。

【飲水量が多い場合】

食事制限を始めると、水を多く飲むことがあります。お腹が空いているので水をたくさん飲んで紛らわせていると考えられます。そうなると水の多いフン（ほぼ水分尿）や緑色の絶食便が出ることもあります。これらの症状が出たり、あまりにも飲水量が多い場合は、実際の飲水量を調べてみましょう。体重の20％以上の水を飲んでいる場合は、飲み過ぎと判断できます。食事を減らし過ぎていないかも確認しましょう。対策しても飲水量が減らないようであれば、飲水制限が必要です。長期間飲水量が多いと腎臓の負担から腎障害を起こしたり、尿中にカルシウムを失って低カルシウム血症を起こすこともあります。病的な多飲多尿の可能性もあるので、飲水制限を行う場合は、必ず獣医師の指導に従って実施しましょう。

空腹については次の項目を参考にしてください。

【鳥の空腹が強いと見られる場合】

空腹への対処としては、運動量の増加やフォージング、食事内容の繊維を増加させる手立てがあります。運動は交感神経を優位に働かせるため、代謝を上げて、

過剰な食欲を抑える効果があります。代謝が上がることで体重が上がりにくくなれば食事量を増やすことができます。フォージング（130ページ参照）によって食事時間を長くすることで飲水量を減らす効果につながります。

また、繊維には腸からの栄養の吸収をゆっくりと遅らせる効果があるため、腹持ちが良くなります。繊維が多いシードの代表はカナリヤシードです。カナリヤシードはタンパク質も多く含まれるため、代謝も良くなります。

ペレットが主食の場合は、トップスパロットフードのペレットがおすすめです。アルファルファが主成分のペレットなので、繊維が多く入っています。その他、ペレットの製造法によっても腹持ちは変わります。加熱・加圧して形成する押し出しペレット（ズップリーム、ハリソンなど）は、デンプンがα化しているため

消化吸収が早く腹持ちが良くありません。加熱しないコールドプレスペレット（ラウディブッシュ、ラフィーバーなど）はデンプンがα化しておらず、ゆっくりと消化されるので腹持ちが良い傾向にあります。栄養面ではどのペレットでも問題はありませんが、鳥の空腹や発情抑制で悩んでいる方は、メーカーを切り替えてみるのも良いでしょう。

【エサをこぼして正確な食事量がわからない場合】

鳥がエサをこぼしながら食べる場合は、深いエサ箱を使用しましょう。エサを少なめに入れ

ラフィーバーのペレット

ラウディブッシュのペレット

トップスパロットフードのペレット

ることでこぼさずに食べてくれることがあります。この方法でもエサをこぼしてしまうようであれば、こぼす量も含めて食事量を調べ、そこから少しずつ制限をしましょう。すると贅沢食べしていたのが、徐々にこぼさずに食べ出すこともあります。

【食事の内容に気をつける】

食事中のタンパク質が多いとメスの発情を促すため、タンパク質を過剰に与えないよう注意しましょう。特にヒマワリ、麻の実、サフラワーはカロリーも高いですがタンパク質も多いです。タンパク質量の多いペレット（80ページ参照）は換羽期や病気でタンパク質を増やしたい時以外には使わないようにしましょう。タンパク質の目安は、インコ・オウム類で全体の食事中の15％以下、フィンチ類で17％以下が目安です。

「発情抑制に効く特定の食べ物やサプリメントの情報を知りたい」という飼い主さんからの要望をいただくことがありますが、残念ながら効果が期待できるものは存在しません。

❷ 運動量を増やす

食事を制限するだけでなく、あわせて運動することも大事です。先にも説明しましたが、運動は交感神経を優位に働かせるため、代謝を上げて過剰な食欲を抑える効果があります。

野生下で鳥が飛ぶ動機とは、エサを求めてねぐらから採食地への移動、繁殖地への移動、天敵から逃げるなど

タンパク質の目安
（全体の食事中）

《 フィンチ類 》	《 インコ・オウム類 》
17% 以下	**15**% 以下

タンパク質が高いシード

	(%)
ヒマワリ	20.8
麻の実	29.9
サフラワー	22.0

が挙げられます。野生の鳥が普段何のために飛ぶかを考え、それらを飼育下でも自然な流れで行えるように準備してあげましょう。もちろん、飛ばせるためには危険物の撤去、窓を閉めてロストを防ぐなど必ず環境を整えてから実施することが最優先です。

「うちの子は本当に飛ばないんです」というお悩みの声を多く聞きます。性格や育った環境が大きく影響しますし、どちらかというと受動的なタイプなのかもしれません。動かない・運動量が少ない鳥を飛ばせて運動させるには、その鳥の個性を飼い主さんが把握する努力が必要です。食事制限のような数字の世界とはまた違い、運動をさせるには鳥の好みを熟知し、それを遊ばせる方向に伸ばす知恵や習慣、時間が必要だったり、鳥の好きなものや可能性を伸ばす努力が必要になってくるのではないでしょうか。「うちは元気にビュンビュンと飛びすぎて困るくらいです」というご家庭の鳥は、複数の部屋を自由に行き来することが可能だったり、隣の部屋や廊下に好きなものがあるのでそれを確認しに飛んで行くというような放鳥空間を工夫して広くしている環境が多い印象です。飛ぶというと横一方向に飛んでいくイメージですが、限られた家庭内の空間をうまく使うには、床と天井の間の縦の空間を使う工夫や、階段のような上下運動を取り入れるなどの方法もあります。また、多頭飼いを強く推奨するわけではありませんが、やはり同じくらい飛んで遊ぶ鳥の仲間がいると運動量の差は大きいようにも感じます。もしくは飼い主さんが鳥と遊ぶことに熱心で、自分の体や腕、服などに掴まらせて揺すったりする遊びを上手に開発する方もいます。

次のページで紹介する、鳥に運動を促すヒントを参考に、鳥の個性にあてはめて、我が家なりの運動方法をアレンジしてみてください。

【運動を促すヒント】

・好きなごはんで誘き寄せる
・飼い主さんが部屋の中を移動して鳥に追いかけさせる
・別の部屋にごはんを置いて、飛んで・歩いて辿りつかせる
・人の手に止まらせてゆっくり手を上下させて羽ばたき運動を促す
・飛べない子は人の服を登らせる

追い立てて怖がらせる、何度も投げて飛ばすなどは、鳥にとってストレスになるのでやめましょう。もちろん換羽中や病中、高齢の場合は無理をしないでください。また、鳥にだけ「がんばって運動してね」という飼い主さんの姿勢は、鳥にとって辛いものになってしまいます。鳥と遊びながら、鳥自身も楽しく、人と一緒に運動の楽しさを味わえるような方法を模索しましょう。鳥だけでなく飼い主さんも一緒に運動したり食事制限をすると、鳥の幸福度も上がるはずです。

【運動の頻度と時間】

健康であれば、一度の運動で鳥が息切れするまで行うのがベストです。1日2回、1回5分程度から行いましょう。強度の強い運動をしなければ交感神経が働きませんし、血流も上がりません。これを考えると、鳥が自分の好きなタイミングで少しだけ飛ぶというのはあまり運動になっていないのです。慣れてきたら時間や回数を増やしてください。肥満の鳥や基礎疾患がある鳥の運動量を急に増やすのは危険です。体重が落ちてきたり、病状に気をつけながら運動させるようにしましょう。

運動の目的はもちろん発情抑制ですから、カロリーを消費することが一番です。しかし、短時間では実はカロリーはほとんど消費されません。どちらかというと運動は代謝を上げたり、交感神経を働かせて過剰な食欲を抑えるのに有効です。

❸食事にかける時間を増やす

乾燥気候や温帯気候に生息する鳥は、野生下での非繁殖期に食物の量が減少するため、1日のうちで食事を探す時間が増えます。このことから、食事にかける時間を増やすことが発情抑制につながるといえます。

ごはんを探す採餌行動はフォージング（foraging）といいます。発情抑制のために食事制限をしていると、最初は鳥も空腹感が強くなるのでつい早食いになってしまいます。人間もそうですが、早食いは満腹感が乏しく、もっと食べたいという欲求につながります。毎日のごはんにフォージングを取り入れると、食べるための作業が増えて食事にかける時間を増やすことができます。

フォージングみんなの実例集

著者のX（旧Twitter）で実施したアンケートでの回答をもとに、多くの飼い主さんが行っているフォージングの実例集をまとめました。

毎日のごはん編

エサ箱に障害物を入れる

難易度 ★

今日からはじめられる！
一番簡単なフォージング

いつものエサ箱に鳥が食べられないものを障害物として入れるだけで、簡単にフォージングができます。

さまざまな障害物

〈プラスチック・ガラス素材〉

おはじき／ビー玉／ガチャガチャのおもちゃ／おもちゃのブロック／アクリルビーズ／ペットボトルのキャップ

注意事項 鳥が誤飲しないような大きさのものを選びましょう。小さすぎるものはNG。

〈天然素材〉

ワラ／おがくず／ウッドチップ／紙ストロー／粟穂の茎／ハーブ／大きめのドライ野菜／牧草／ウッドビーズ／コルク／マンチボール／木片／木の枝

注意事項 かじったり飲み込んでも安全なものを選びましょう。

〈別のごはん〉

嫌いなごはん／食べられないペレット
最初は障害物と認識していても、何かの拍子に口にしたりして、いつの間にか食べられるようになるというメリットも。

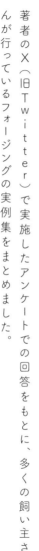

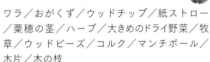

毎日のごはん編

ケージ床の一部をフォージングスペースに

難易度 ★★

生活空間にフォージングスペースを

ケージ床の一部にトレーを置き、そこにワラや新聞紙をちぎったものなど、鳥が口にしても大丈夫なものを敷きます。その上に、エサをばらまきましょう。最初は隠したエサに気づかない場合もあります。飼い主さんが見守りながら実施しましょう。

床材：ワラ、牧草、新聞紙をちぎったもの、ウッドチップ、おがくず、人工芝など

エサ箱を複数設置する

難易度 ★

ケージ内のエサ箱を増やして探す楽しみをプラス

いつものエサ箱より小さいものをケージ内に複数設置しましょう。「普段はここに行けばごはんがある」と思っている鳥にとってごはん探しの要素が増えます。エサ箱に入れる量も均一にせず、ひとつはごく少量、もうひとつは多めに、もうひとつは好きなシードだけ、ひとつはハズレ…など変化をつけます。慣れてきたらエサ箱を設置する場所を毎日変えてもOK。

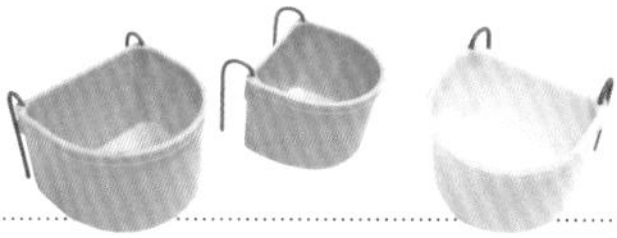

フォージングスピンにチャレンジ

難易度 ★★★

回すとごはんが出てくる

透明なボールの中にごはんを入れるタイプ。止まり木などのそばに設置し、鳥がクチバシでエサ入れ部分をつつくと透明部分が回転し、穴からごはんが出てくる仕組みです。フォージングスピンの下に設置したエサ箱がごはんを受け止めます。

最初はケージに設置せず、まずは放鳥時に鳥の前で飼い主さんが指で持って回し、ごはんが出る様子を見せてあげましょう。いきなり使いこなす子もいれば、時間がかかる子もいます。慣れるまではこれまで使用していたエサ箱と併用して使うのが安心です。掲載している商品のほか、さまざまな商品が発売されています。

フォージングスピン
製造元：Birds' Grooming Shop

放鳥編

フォージングボール

難易度 ★★

放鳥中の楽しみUP！

透明なボールの中にごはんを入れ、鳥が転して出させます。使用済みカプセルトイに穴を開けて活用している方も多くいます。

宝探し

難易度 ★★

放鳥中の楽しみUP！

放鳥スペースの中に好きなごはんを隠し、探し出させます。「紙などにごはんを包む」のとあわせて行なってもOK。運動を促すので、代謝も高まります。

紙などにごはんを包む

難易度 ★

食べる手間を増やす

好きなごはんをキャンディのように紙に包み、鳥にかじらせたり剥かせます。上達してきたらハズレを作ってもOK。

フォージングのお悩みQ&A

Q おもちゃを買ったけど見向きもしない

A 専用のトイで遊ばなくても「毎日のごはん編」を実施するだけでOK。素材や大きさによって興味を示すかどうかもあるので、お気に入りのものを探しましょう。

Q おもちゃは全部クリアするので、これからどうしたらいいかわからない

A 「毎日のごはん編」に加え、フォージングスペースの設置がおすすめ。タイプの異なるフォージングを実施してみましょう。

フォージングスペース

難易度 ★★

地道な採餌行動はフィンチ類にもおすすめ

「うちの子は難しいフォージングトイに挑戦しない」「フィンチに合うフォージングがない」という方におすすめ。
・イグサマットの上
・紙箱やトレーなどに牧草やワラなどを入れたものの上
に好きなごはんをばらまいて探させます。

放鳥時の遊びとしても◎。

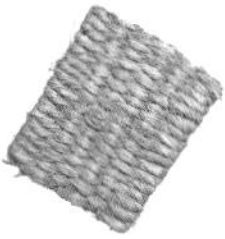

フォージングトイ

難易度 ★★

使いこなせれば退屈の解消に◎

たくさんの市販品が販売されており、選べるのが魅力的。ほかにも引き出しタイプ、フタを開けるタイプ、回転タイプなど。

アンケートで人気だった観覧車タイプ

Ⅱ 快適な温度

ヒナを育てるには快適な温度が重要です。寒すぎたり、暑すぎる時期は繁殖に適しません。そのため、繁殖には適さない温度にすることが発情抑制につながるということになります。

発情抑制のための温度設定

「では何度に設定すればいいの?」と具体的な温度の質問をたくさんいただきます。でも、あえて数値は出しません。むしろ数値の正解がないと個人的に思っているからです。温度は暮らしている地域によっても異なりますし、家庭によっても異なります。つまり、鳥の体が慣れている温度が違うということです。冬も夏も、発情が止まって調子を崩さない程度の温度が最適なのです。寒すぎると活動が下がって体重が落ちたり、温度は鳥の健康管理においてとても重要なものです。よく観察し、温度をしっかり1度単位で見ながらデータを記録してみてください。とはいえ、夏に暑がる場合は冷房をかけてください。発情が止まっていても、暑がるのを放っておくと熱中症を起こすことがあります。一般的に健康な鳥を飼育する際には年間を通して、季節の変化が感じられるように気温に変化を出すことが大事といわれています。しかし、発情対策に関しては必ずしもこれは正解ではありません。

Ⅲ 繁殖に適した日長

繁殖には日長が密接に関係しています。日長とは、日照時間の長さを表す言葉です。日長の変化が繁殖期の到来を示す刺激となり、発情が始まることがわかっています。生物が日の長さに反応する性質を「光周性」と呼びます。光周性を示す現象として、動物の季節繁殖や植物の花芽《かが》形成（植物の芽吹きなど）が挙げられます。春から夏にかけて日長が長くなると繁殖を行う動物を「長日繁殖動物」、逆に日長が短くなる秋から冬にかけて繁殖を行う動物を「短日繁殖動物」と呼びます。私たち人や家畜として品種改良されたニワトリなどは「周年繁殖動物」で、季節や日長も関係なく繁殖することができます。

【周期別の鳥種】

・長日繁殖動物（日照時間が長い方が繁殖しやすい）
インコ・オウム類、キンカチョウ、ウズラなど

・短日繁殖動物（日照時間が短い方が繁殖しやすい）
文鳥

❶日長の調整

セキセイインコやオカメインコの原産国であるオーストラリアの都市・ダーウィンの日長のデータを紹介します。繁殖期は1日のうち平均して日照時間が13時間17分、非繁殖期は10時間58分。およそ2時間19分ほどの日長差があります。発情抑制には非繁殖期の日長を目安にすればよいので、ケージにカバーをかけるなどして日長を12時間以内にコントロールしてみてください。12時間以上にすると発情しやすくなる可能性があります。

オーストラリア（ダーウィン）の日長

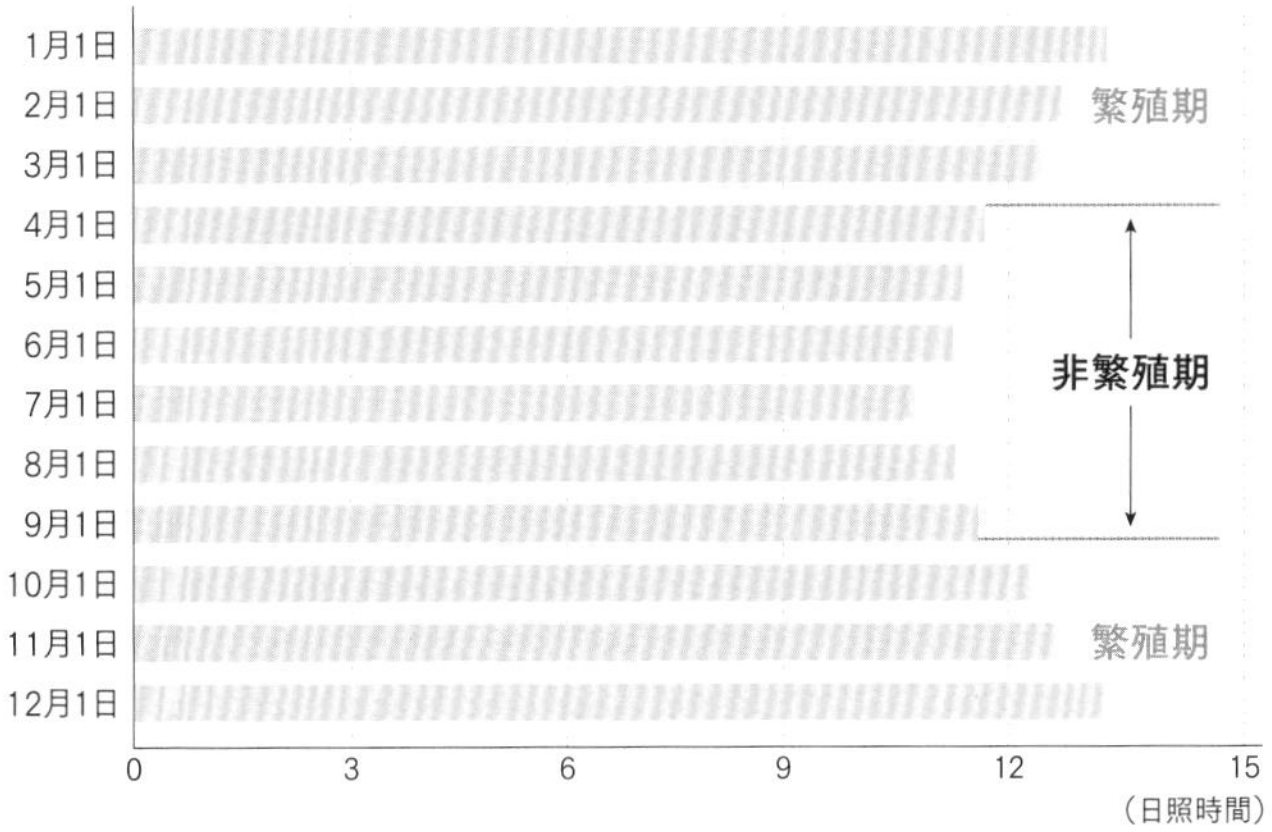

次に、短日周期の文鳥の原産国であるインドネシアの都市・ジャカルタの日長データを見てみましょう。こちらは繁殖期は11時間46分、非繁殖期は12時間28分。オーストラリアと比べて日長差が小さく、差は42分。ほんの少しの差ですが、こちらは日照時間が短い方が繁殖に適しています。短日周期の文鳥はとても日長差に敏感ということですね。このため文鳥の発情抑制には、12時間以上起こしておいた方が効果がある可能性があります。また、日本では文鳥は11月から3月が繁殖

インドネシア（ジャカルタ）の日長

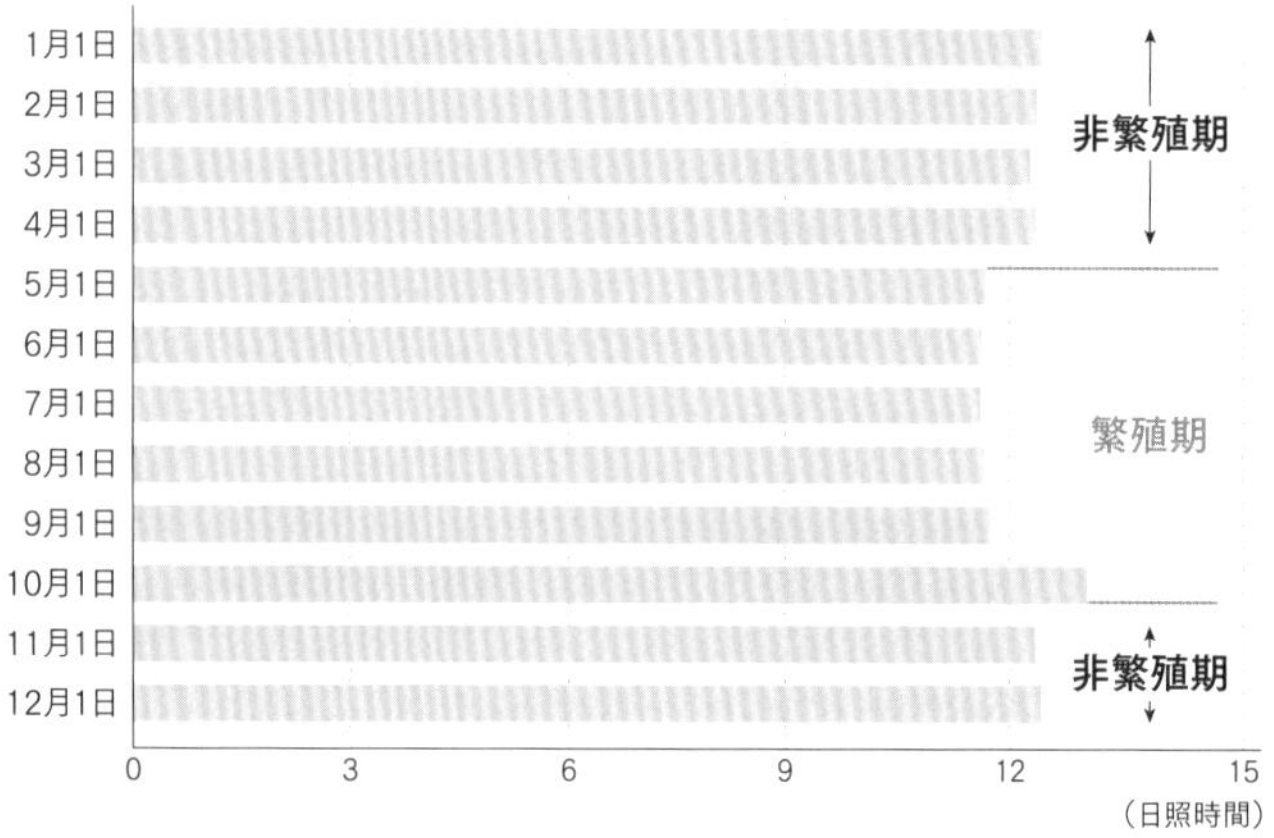

しやすい時期とわかります。

長日周期・短日周期のほかにも、2つの基準が鳥種ごとの発情に関する日長を判断する手がかりになります。

一つ目は、日和見的・季節的という指標。これは鳥の大きさの基準を比較したものです。小型の鳥であるほど日和見的で、大型であるほど季節的といえます。先に長日繁殖動物として紹介したセキセイインコやオカメインコは、実際には日長よりも食事量のほうが重要といわれており、長日繁殖動物であったとしても食物が多く手に入る場合は、すぐに繁殖

小型鳥と大型鳥の発情の傾向

小型鳥＝日和見的

- 日長はあまり関係ない
- 繁殖に適した条件に応じて発情する
- 食事量、温度の影響が大きい

大型鳥＝季節的

- 日長の影響が大きい
- 季節の変化が発情に影響する

を行います。このような場合は「日和見繁殖動物」と呼ばれます。野生下では日和見繁殖をしない鳥でも、飼育下だと日長に関係なく、食物があり、快適な温度だと小型の鳥ほど発情しやすくなります。季節的とは、言葉の通り季節の変化や日長の影響で発情に影響するという意味です。大型鳥はこの傾向にあります。

二つ目は、生息域が赤道に近いかどうか。先ほどのオーストラリアとインドネシアもここに注目して、もう一度確認してみましょう。赤道から離れたオーストラリアの方が繁殖期と非繁殖期の日長差が大きく、赤道直下のインドネシアは日長差が少ないという結果でした。後者の方は一日の日長差が少ないため、日照時間に対して鳥が敏感という可能性が考えられます。

次の図表は、これらの指標を総合的にまとめたものです。ご自宅の鳥さんの発情傾向の参考にしてください。

生息域と鳥のサイズの関係性

下記の表では、①生息域が赤道に近いかどうか、
②鳥のサイズの2つの点を比較しています。

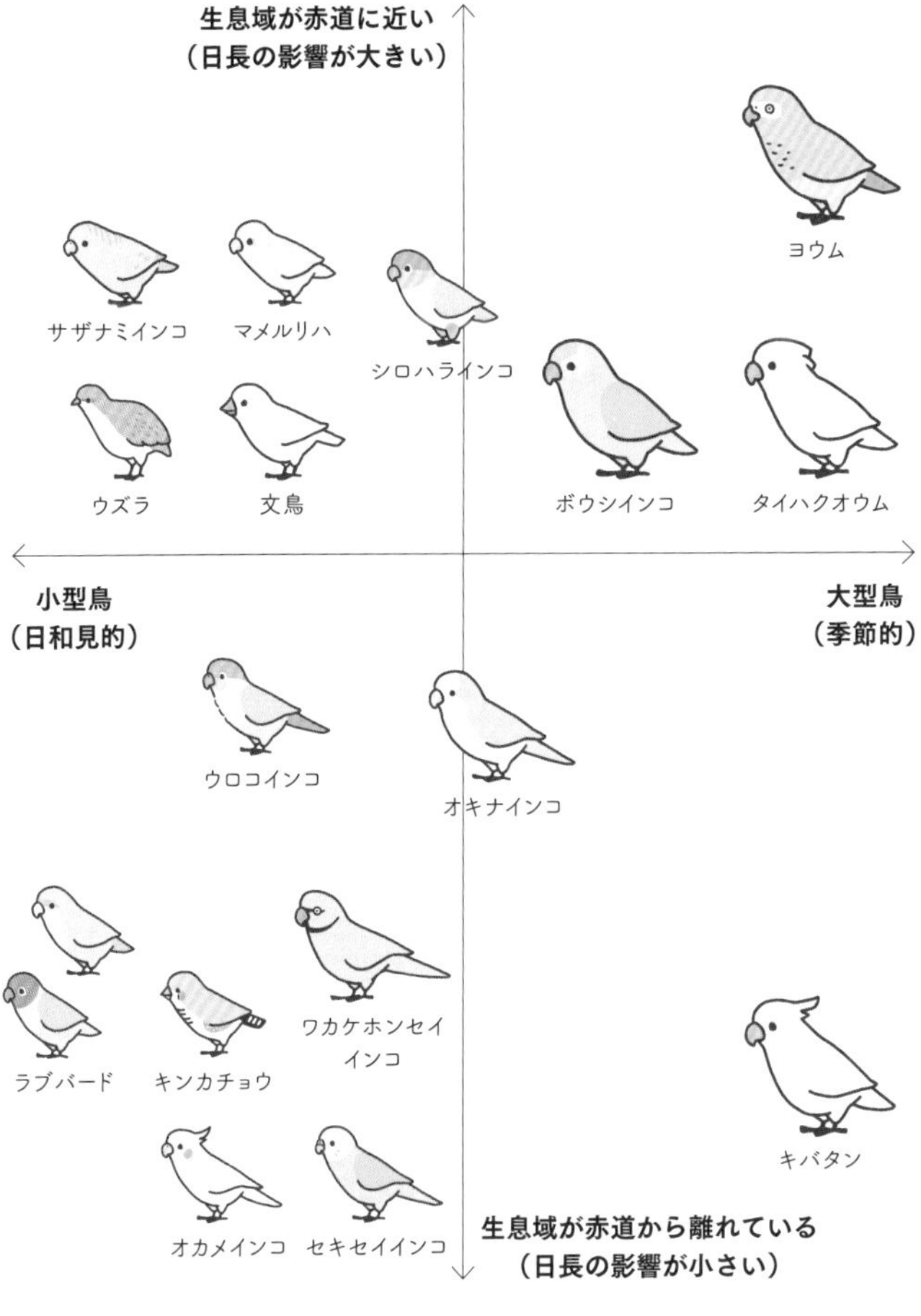

❷睡眠時間

日長を確認したところで、睡眠時間にも注目してみましょう。鳥にとって暗い時間＝睡眠時間となるのが一番良いことです。しかし、人と暮らす以上は、そう単純にいかないこともたくさんあるでしょう。ケージカバーを使って暗くしたとしても、生活音が聞こえると鳥は安眠できません。朝、人が起きているのにカバーをとらないのもストレスになります。寝かせるときは、できる限り暗くして生活音が聞こえないように留意しましょう。

ただし、仕事の帰りが遅いので日長のコントロールが難しいという方ももちろんいらっしゃるかと思います。

文鳥の場合は短日繁殖動物なので長く起きていたとしても発情にはそれほど影響しません。問題になるのは長日繁殖動物のインコ・オウム類などの鳥種です。ただし、発情抑制の問題があるとしても、個人的には鳥とのコミュニケーションを優先すべきだと考えます。飼い主さんが帰ってきた時に「出して、遊んで」と言っているのであれば、睡眠時間よりもコミュニケーションを優先したほうが良いでしょう。会いたかったのに会えず、遊んでもらえないまま寝なさいというのは非常に酷です。その日一日を「今日は楽しかった」と感じて寝る方が、鳥は幸せなはずです。

日長のコントロールの前に、発情対策である食事制限をし、コミュニケーションはいつも通り、しっかりとるようにしましょう。もちろん、鳥にも鳥種を超えた個性がありますから、夜はケージから出たくないというタイプであれば無理をしなくて大丈夫です。

Ⅳ 巣・巣材の存在

多くの人が勘違いをしている点かもしれませんが、特にメスは発情すると巣づくりをするのではなくて、巣づくりする場所があると発情するのです。このため、繁殖が目的でない限り、基本的に巣箱やつぼ巣は入れないようにしましょう。エサ箱の中や下でうずくまるのが好きな場合は、中に入れないよう小さいエサ箱に変えたり、エサ箱をとまり木の高さに移動するなどしてうずくまる場所をつくらないようにしましょう。

鳥が愛着を持っているなら撤去はしなくてOK

ホヨヨボール®

三角型のバードテント

発情が始まったから巣になるようなものを撤去するのではなく、普段から置かないのが基本です。また、放鳥時に部屋の中に巣になるような場所を作らないようにしましょう。床網は基本的に撤去しないでください。撤去すると床敷きや床材を使って巣づくりしてしまうことがあります。どうしても巣づくりをしてしまうなら、床敷を敷かないという手もあります。

また、三角型のテントやホヨヨボール®のような中に入れる製品も多く販売されています。これらは鳥が巣として認識しているとは限らず、愛着をもっていたり、安心できる場所としての感情サポートの役割を持っていることがあります。これらのおかげでリラックスしているのに安易に撤去してしまうと精神不安定を起こすことがあります。巣として発情を刺激している物なのか、安心できる場所として認識しているかを見極める必要があります。安心できる場所として認識している場合は、発情の有無に限らずに常に入っていますが、巣と認識している場合は、発情期以外は使用しません。これをもとに判断しましょう。特にラブバードはこれらの物に接触することで精神安定を得ているので、巣と認識しているとしても、容易にはとらないようにしましょう。

〈服の中〉

飼い主さんの服の中に入ることを楽しんでいる鳥もいます。個人的にはこれは飼い主さんとのコミュニケーションなので許容していいと考えています。ただしこれも、食事制限をしたうえでＯＫということです。食事制限もせずにこの行動をさせたままでは、発情を促す可能性があります。

〈巣材づくり〉

巣材づくりの一環である、木や紙をかじる行動が問題視されることもありますが、基本的にはやらせても問題ありません（45ページ参照）。木や紙だけでなく、牧草やイグサ、海藻、麻紐を使ったものもあります。家にある紙類や段ボールなども使用して大丈夫ですが、着色されているものや汚れている物は避けましょう。遊びの一環になるので、退屈への対処、ストレス解消になります。ただし、かじるのはＯＫですが巣材をため込むのはＮＧです。かじったものは必ず撤去しましょう。

Ｖ ペアの存在

発情は繁殖の過程のひとつですから、やはり相手がいると発情しやすくなります。ただし、ペアがいることは決して悪いことではありませ

ん。相手が鳥・人・物のどの場合でも、鳥自身がペアと思える存在に出会えたことはどれだけ素晴らしいことでしょう。恋をしてしまった鳥に対して「その恋をやめなさい」というのは酷ですし、安らぎや愛を、ペアの存在からもらっているはずです。ですから、人に対して求愛行動や発情行動をしていたとしても、鳥を見ない、触らない、話しかけないという従来のこれらの方法は間違っているといわざるを得ません。

一番推奨したいのは、鳥とのコミュニケーションを減らさない方法を模索することです。鳥は本来、ペアとともに長時間過ごしたり、仲間同士でも互いに羽づくろいを頻繁にするような、社会的でコミュニケーションが大好きな動物です。特に1羽飼いの場合は人との接触を好む子が多く、飼い主さんとのコミニケーションは、鳥にとって非常に大切な時間です。発情が見られるからといってコミュニケーションの時間を減らすのは厳禁です。

❶鳥の愛を尊重する

鳥は基本的に、ヒナのときに接した動物をペアとして選択します。この現象を「性的刷り込み」と呼びます。このため、ヒナを早期に親鳥から離して人が育てると、人をペアとして選択します。同じ鳥種と過ごさせれば同じ鳥種をペアとして選択し、先住鳥がいれば鳥種が違ってもペアとして選択することもあります。場合によっては異性に限らず、同性愛も多々あります。

同じ鳥類でも、愛の形は鳥種によってさまざまです。インコ・オウム類、フィンチ類は基本的に一夫一婦制です。一度ペアが決まると相手がいる限り生涯永続します。ペアが亡くなったり、いなくなった場合は新しいペアを求めることもありますが、長期間寂しがる様子を見せます。この一夫一婦制は子育てのためのシステムで、実際は複数の鳥が暮らす群れの中では婚外性交渉があることがわかっています。同じメスから生まれる卵のうち、数〜30%ほどはペアのオス以外の遺伝子で、さまざまな遺伝子を残そうとする本能は強いようです。

ただし、オオハナインコだけは特殊で多夫多婦制です。ペアは関係なく、入り混じって繁殖をします。キジやカモ類は一夫多婦制ですが、交尾をして巣づくりし卵を産む頃にはもうオスはどこかへ行ってしまいます。子育てはメスにお任せし、次のメスを探します。同じ鳥類といえども、ペアにはいろいろなパターンがあるのです。

❷発情中のメスとのコミュニケーション

食事制限が適切にできていれば、放鳥時に飼い主さんとしっかりコミュニケーションはとってかまいません。ただし、メスを触るのは頭部から頸部が基本です。メスの発情中は体全体を触りすぎないように気をつけましょう。

メスがのけぞって交尾受容姿勢を見せた時は、特に背中を触らないように気をつけます。そもそも飼い主さんは鳥に好かれている・いないにかかわらず、存在自体が発情対象になりうるので、交尾行動を想起させるような行為をしないようにしましょう。発情していなければ、背中を含む体全体を触っても大丈夫です。

発情中のメスとのふれあい方

ポイントをおさえれば大丈夫。
しっかりコミュニケーションをとって、
飼い主さんも鳥さんも
良好な関係を保ちましょう。

「交尾に誘われた？」とメスに勘違いさせてしまうことが。

スキンシップは大切なことなので、鳥さんから「ここ触って、カキカキして」とおねだりされたら必ず応えてあげましょう。

❸オスの交尾行動への対処法

オスは人の手や頭、とまり木、おもちゃなどに交尾行動をすることがあります。この行動を始めてしまった場合、やめさせても発情の抑制効果はないので、終わるまで放っておきましょう。やめさせようと邪魔をしたり、気をそらせようと声をかけたりすると、それがストレスになる場合もあります。基本的には、交尾行動を始めたのをやめさせるのではなく、性的興奮を起こすような接し方や物を見せないことが大切です。

NG行動

- 人の爪でクチバシを刺激する
- 手や頭をメスに見立てて交尾を誘う・させる

対処法

- 頭に帽子を被る
- とまり木の種類や場所を変える
- 交尾対象となっているおもちゃなどの撤去

オスの交尾行動にどう接する?

対処に迷いがちなオスの行動。
ポイントをおさえておきましょう。

オスの交尾行動は見守ってOK

オスが交尾行動(スリスリや求愛ダンス)をしていても、放っておいて大丈夫です。行動は止めさせず、食事を制限して発情の根幹を抑制しましょう。

《 オスに対してNGの接し方 》

人の爪でクチバシを刺激する

人の爪はクチバシに似ているので、オスが求愛行動をすることがあります。飼い主さんが爪をわざと見せて発情を誘わないようにしましょう。爪でクチバシをつつくとオスを誘っていることになります。

わざと手をメスに見立てて交尾行動を促したり、乗せたりしない

人の手をメスに見立ててスリスリすることがあります。こちらも飼い主さんが誘わないように気をつけましょう。オスを興奮させなければ、手でコミュニケーションを取るのはかまいません。

❹ペアの飼育方法

鳥同士がペアになった場合で繁殖を望まない際は、基本的に普段からケージを分けておくことをおすすめします。こうすることで、オスとメスそれぞれの食事制限がしやすくなり、オスがメスに吐き戻してエサを与えないようにすることもできます。コミュニケーションはケージ内ではなく、放鳥時に行うようにします。ただしすでにペアで同居している場合は、急にケージを分けるのは注意が必要です。たとえケージを隣にしたとしても、分離不安を起こして落ち着かなくなることがあります。この状況を起こさないようにするには、若鳥の時から1羽ずつ飼育する必要があります。ペアでの同居は、仲が良いように見えても、喧嘩したり、1羽の時間が無くなることがストレスにつながることもあるので、飼育方針は最初が肝心です。

また、ペアの場合でも発情行動はするけれど産卵には至らないというケースもあります。この場合は、メスの脳内には女性ホルモン（エストロゲン）が出ているので、親和行動なり発情行動のようなことをするけれど、実際に生殖器は発達していない、働いていないという状況で、さほど心配はいらないでしょう。心配なようであれば、病院で発情しているかどうかの血液検査を行うのも良いでしょう。

❺発情対象物と愛着物の見分け

飼い主さんや鳥ではなく、物に対して発情することもあります。おもちゃやとまり木、ティッシュなどです。これを発情対象物と呼びます。ただし、なかには愛着があるだけで発情対象物ではないこともあるので、鳥にとってどういった認識のものかをしっかり見極めるようにしましょう。

愛着のない発情対象物とは、発情行為をするだけのもの。たとえばオスの場合、ティッシュを丸めた物を見たらスリスリして、それで終わり。ティッシュのような使い捨て商品で他に替えがきくようなものというのは愛着があると考えられません。発情行動をする以外には鳥が興味を持たないのが特徴です。とまり木やブランコもこれにあたります。また動物にとって「超常刺激」と呼ばれる、特定の性的行動を引き起こすきっかけになるものがあります。「なぜティッシュを見ると交尾をしたがるのですか」とよく聞かれるのですが、一種の超常刺激ということしかできません。鳥自身もなんだかよくわからないけれど、これを見ると性的に興奮してしまうのです。もちろん個体差はあるのですが、特にオスにとってティッシュなどは超常刺激になる例が多いように思われます。

こうした愛着のない発情対象物は、急になくなっても鳥が精神的に落ち着かなくなることはありません。ケージ内の生活に必要でないおもちゃ類は外すようにしましょう。とまり木のような生活に必要なものは交尾行動をしにくいような場所へ配置換えしたり、とまり木の素材を変更してみましょう。部屋の中にある物であれば、鳥に見せないように隠します。

一方、発情対象物で愛着がある場合は、安易に撤去してはいけません。愛着があるのでそれがないと精神的に落ち着かない、鳥にとって大事なものです。

特徴としては目があるおもちゃやぬいぐるみ、鏡などが該当します。ペアのような存在だと認識している場合や、鏡に映る相手に愛着をもち、発情する場合もあります。発情行動をする時以外にも、いつもそばに寄り添っているものが多いです。これらに吐き戻しなどをしているようだとしても、安易に撤去しないようにしましょう。

半乾燥地帯を原産地にもつ鳥種は、緑色植物を見ると発情のスイッチが入ることがあります。半乾燥地帯とはステップ気候やサバナ気候と呼ばれる地域で、乾季には降水量が減るような気候のことです。緑色の植物は野生の鳥たちにとって繁殖期到来のサイン。半乾燥地帯では雨季に入ると雨が大量に降って植物が大きく育ちます。住環境全体が緑色になり、これが視覚に入ると体が繁殖の準備を始めるのです。

一例として、オーストラリアの雨季と乾季の違いを見てみましょう。雨季は緑色の世界、乾季は茶色の世界です。このように環境が緑色に変化すると発情しやすくなるといわれています。

オーストラリアの景色

セキセイインコやオカメインコが野鳥として暮らすオーストラリアは
雨季と乾季の2つの季節が特徴的です。
それぞれ鳥にはどんな風に見えているかを確認してみましょう。

写真提供：岡本勇太

雨季

草木が生い茂り、花を咲かせる植物もある。全体的に緑一面で、これが発情のスイッチとなるのもうなずけるほど。オカメインコたちはせっせと地面に落ちたシード類を探して食べる。

乾季

枯れたり乾いた草木が鳥たちの視界いっぱいに広がる。緑色のものはほとんど見当たらない。オカメインコの灰色の体は保護色になっているのがわかる。

鳥種ごとの生息地分布図

サバナ気候・ステップ気候で暮らす鳥にとって、
緑色植物は発情のトリガーになりやすいといえます。

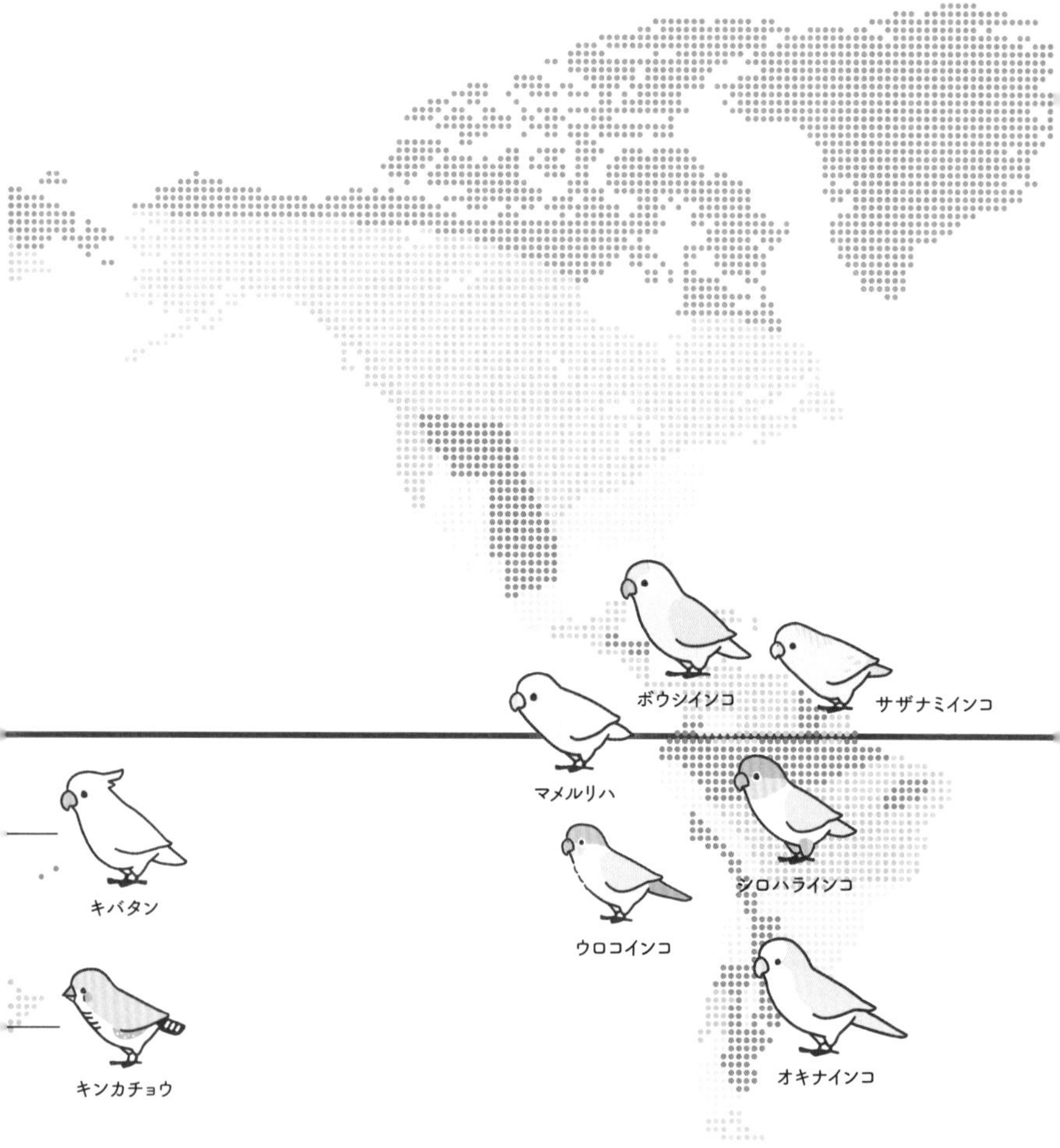

その他

- 冷帯（亜寒帯）気候
- 熱帯雨林気候
- 砂漠気候
- 地中海性気候
- 温帯（温暖）湿潤気候

緑色植物が発情のトリガーになる地域

- サバナ気候
- ステップ気候

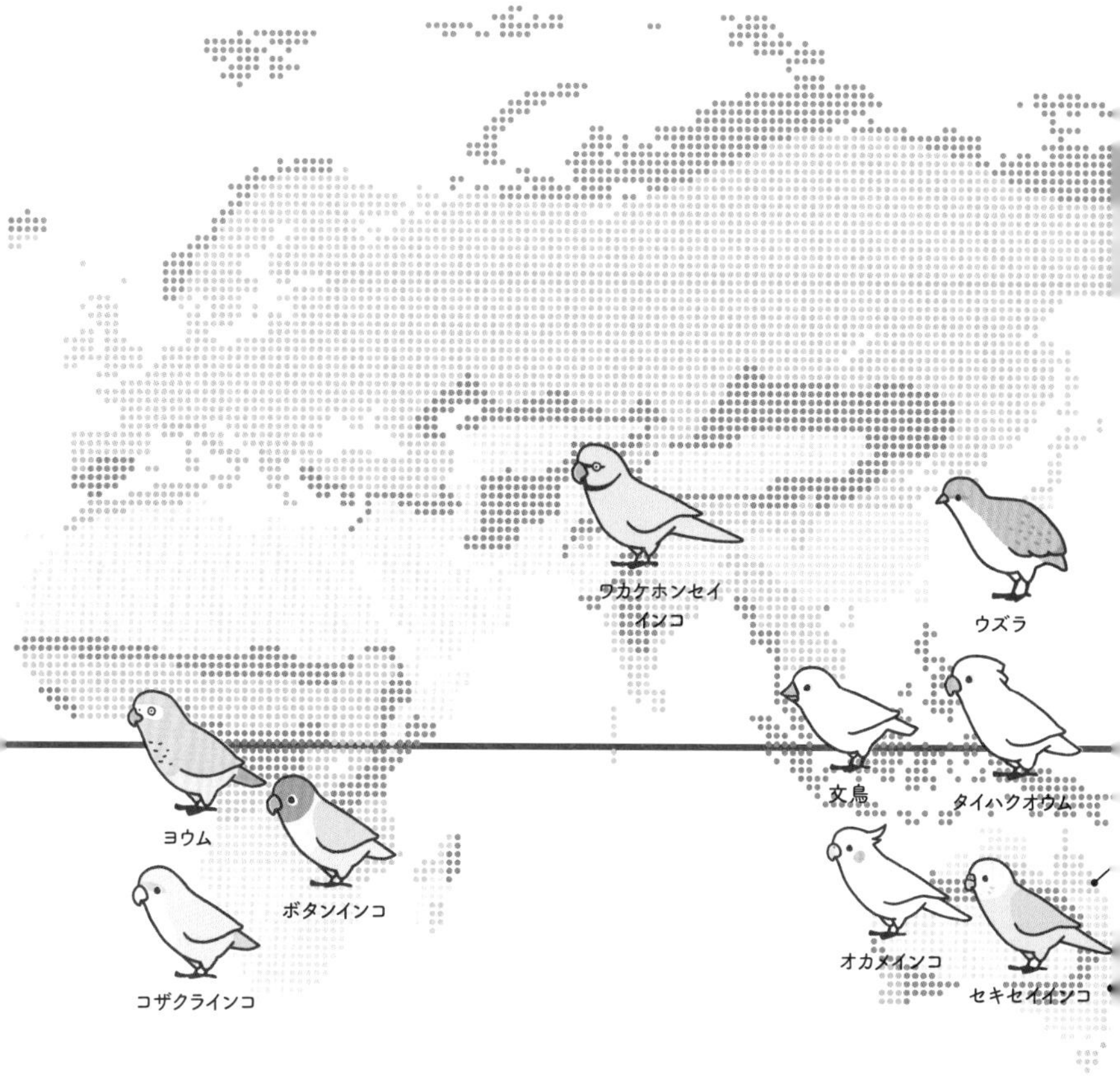

半乾燥地帯を出身にもつ鳥の場合には、食事制限をしているのにどうしても発情が止まらないようであれば緑色植物である青菜をやめてみたり、鳥の見える場所に観葉植物を置かないなどの工夫をしてみるのもひとつの手です。とはいえ青菜は栄養的にも食べることが推奨されるので、最後の手段と考えてください。青菜のあげすぎで発情になるのかという質問もよくありますが、そうではありません。青菜の量や頻度は問題ではなく、視覚的な刺激の問題です。青菜をあげる時期とあげない時期を比較し、青菜が発情のスイッチになっている場合は、乾燥野菜などを試すのも良いでしょう。

Ⅶ 高湿度

先の緑色植物と近い要因ですが、半乾燥地帯に暮らす鳥にとっては湿度が高い環境というのも発情のスイッチになります。当たり前ですが、雨季の雨はたくさんの湿度をもたらします。日本の梅雨や夏も高湿度の環境になりやすいので、湿度60％以下を目安になるべくコントロールすると良いでしょう。湿度が高すぎることは発情だけでなく熱中症などの危険にもつながります。

Ⅷ タスクの減少

野生の鳥たちは日々、生きるためのタスクをこなし続けています。野生下と飼育下のキソデボウシインコの調査を行った論文によると、野生下では1日に最高6時間のフォージング（採餌行動）をします。朝起きると、まずはねぐらからエサのある場所まで飛んで行きます。エサ場は決して近い場所にあるとは限りません。エサ場についたとしても、すぐそこに食べ放題が用意されているわけではなく、大抵はコツコツとエサを探し出したり、クチバシで探し当てたり、破壊してエサを得たり…と試行錯誤を続けます。ところが飼育下の場合は、1日の食事にかかる時間は30分〜72分といわれています。エサのために頭や体を使う時間が非常に短いのです。多くの飼い鳥は、生きるためのタスクが極端に少ないため、暇でやることがないのが現状です。

やることがないとオスは発情行動（吐き戻しなど）や交尾行動（スリスリなど）の頻度が増える傾向にあります。なかには執着するようにエサを食べては吐いてをやり続ける鳥もいます。そのため、鳥のタスクを増やすことが発情対策につながります。推奨される鳥へのタスクはフォージングと運動です。これは食事制限の項目でも説明しましたが、日々の生活にタスクがあると、発情を軽減することにつながるのです。

Ⅸ ストレス

野生下では外敵、食物不足、災害、気候変動など、さまざまな危険が存在します。これらは鳥にとっては大きなストレスとなり、繁殖率に多大な影響を及ぼします。ところが飼育下ではこれらの危険によるストレスはほとんどありません。ストレスのない飼育下の生活環境は、繁殖するには適した条件であり、鳥が発情しやすい理由もここにあるのです。

鳥はストレスを感じると、臓器の一部である副腎皮質からコルチコステロンという副腎皮質ホルモンが分泌されます。

このコルチコステロンは繁殖のモジュレーター、いわゆる調整係といわれています。コルチコステロンが多く出ているような状況では性腺が発達しないので、発情期に入ることがありません。

野生下で起こるストレスには、空腹や運動量の増加、寒さ、水不足、恐怖が関係しています。これらはコルチコステロンによって性腺刺激ホルモンの分泌を抑制されるため、発情が抑制されるのです。

この特徴から、ストレスをかけると鳥の発情が止まると考えられ、ケージの置き場所を頻繁に変えたり、ケージを変えたり、仲の悪い鳥の隣に置いたりといったことをすすめられることがあります。しかしこのような行為は、鳥にとっては悪いストレスといわざるを得ません。発情を止めるためとはいえ、QOLを下げるような行為は行わないようにしましょう。

ここまでに紹介した発情抑制の対策方法とは、もちろんある程度ストレスが鳥にかかっています。運動をしなければいけない、食事制限があるというのは、一切ストレスがない楽しい世界というわけではありません。ただし、一切ストレスのない環境が鳥の健康を支えるかというと決してそうではありません。

飼い主さんに求められるのは、鳥にとって適度で苦痛にならない良いストレスを与えることです。苦しませていないか、適度な楽しい刺激になっているのか、鳥自身がそのストレスをある程度許容して楽しんでタスクをこなしているのか。そういった観点から鳥をよく観察することが非常に重要だと考えます。

Column

飼い主さんのお悩み一問一答

毎日欠かさず体重や食事量を細かく記録し、フォージングや運動にも積極的に取り組んでいます。でも、結果が伴わないことに焦りを感じる時もあります。自分がつけた記録とにらめっこ…。最初はがんばっていたし楽しかったのですが、発情対策に疲れている自分もいます。

（セキセイインコ♀の飼い主さんより）

特にメスの場合は発情対策をしないと健康障害が出るおそれがあるので、獣医師としてはしっかり発情対策をしてください、食事制限が大事です、といわざるを得ません。

しかし、食事制限をしていても発情が止まらない、うまく体重のコントロールができない、お腹が空いた鳥の姿を見るのが辛い、もう発情対策に疲れたという声も耳にします。

そんな飼い主さんは、まじめで共感力が強いのかもしれません。それはとても素晴らしい特性であり、自分を責める必要はありません。考え方や視点を少し変えてみましょう。疲れずに発情対策を続けるには、食事制限の成果がうまく出なかったとしてもネガティブな感情で捉えないことです。そのコツは、感情に左右されるのを一度やめることにあります。なぜ対策がうまくいっていないのか、その原因を分析することに注力してみてください。これは一人ではなかなか切り替えが難しい場合もあるかもしれません。家族や友人に「ここまでやっているんだけど、客観的に見てどう思う?」と意見を求めたり、SNSの力を借りてもいいでしょう。現状を整理し、原因を見つけ、理論的に改善を行います。飼い主さんも感情的にならず、一度自分がこれまでしてきたことを冷静に見直したり、客観的な意見を素直に取り入れる心がまえが必要です。

鳥のお腹が空いた姿を見るのが辛くて食事を減らせないという方もいます。

その場合は、鳥の空腹感を減らす努力をしましょう。食事を減らすのは鳥に合わせて最低限にとどめ、強度の強い運動で代謝を上げます。運動が解決策です。ただし、鳥だけをがんばらせると、飼い主さんにまた新たな罪悪感のようなものが生まれてしまうかもしれません。その場合は、自らも一緒に運動するつもりでやってみてください。目の前の鳥1羽の問題としてでなく、飼い主さんにも連帯責任を与えることで、チームとしての目標が見えてくるはずです。

それでも結果が出ないということもあるかもしれません。それは発情がかなり強い状態なので病院に相談し、ホルモン療法薬による治療を検討してみましょう。

4章

ホルモン療法薬による発情抑制

なぜ薬を使って発情抑制をするのか

これまでに紹介した食事制限や環境・生活改善を行ってもなかなか発情が止まらないこともあります。特にメスで発情が強い場合は、慢性的に発情が続くことで生殖器疾患にかかりやすくなります。飼い主さんが行う自宅での対策で発情が止まらない・どうしても困ったという場合は、医療の力を借りることも選択肢のひとつとして視野に入れてみましょう。

薬を使った治療と聞くと、拒否反応や抵抗を感じる方もいらっしゃるかもしれません。しかし、人の女性においても、たとえば月経痛を緩和する際に低容量ピルを内服するなど、ホルモン治療はごく一般的な選択肢です。ホルモン療法薬は実際に、多くの人の生殖器疾患を治療している重要な薬剤です。最新の研究結果に基づいてホルモン療法薬を用いて治療を行うことは、人においてはすでに普通のことであり、それを同じような症状を抱えてつらそうに過ごしている鳥に対して施すことはなんら抵抗があることではありません。1章で紹介した動物福祉の観点からみても、ホルモンに関する私たち人がもてる最新の医療技術は、鳥にも分け隔てなく使うべきではないでしょうか。

医療で用いるホルモン療法薬には、注射と内服薬があります。当然、通院が伴うものになるので、飼い主さんもその覚悟をもっていただけたらと思います。病院によってはホルモン療法薬の治療を実施していないところもあるので、事前の問い合わせが必要です。また後述しますが、鳥の発情に関する医療についてはまだ広く知られていないこともあり、病院や獣医師によって意見が異なることもあります。本書で紹介する内容は、筆者の病院での実績と知見に基づいたものであることをご了承ください。

化学的去勢とも呼ばれる

ホルモン療法薬を使って発情の治療をすることを「化学的去勢」と呼びます。あまり聞きなれない言葉に驚いてしまう飼い主さんもいるかもしれませんが、一般的な去勢とは意味が異なります。犬猫が適齢期に行う去勢は、「外科的去勢」と呼ばれ、生殖に必要な性腺を切除することです。性腺とはオスでは精巣、メスでは卵巣にあたります。化学的去勢は性ホルモン療法薬を用いて性衝動や性的活動を抑制し、生殖器疾患を治療することを指します。臓器を除去しない点、治療を中止することで元に戻ることもある点から、比較的安全性が高い治療法といえます。飼い主さんの中には、一度治療を始めたらずっとお薬を使い続けなければならないと勘違いしている方もいらっしゃいますが、治療と並行して行う自宅での対策がうまくいったり、加齢によって発情しなくなれば、お薬をやめて問題はありません。

鳥のホルモン療法薬について

鳥用に開発された発情抑制用の薬というものは存在しません。すべて人体用医薬品を流用しています。犬猫は化学的去勢をほとんど行わないため、日本では動物用医薬品でも該当するものがありません。そのため、鳥のホルモン療法薬による治療(化学的去勢法)のガイドラインは存在せず、多くは各病院の独自の経験に即して行われています。本書で紹介する薬剤のうちリュープリンとレトロゾールについては、鳥への効果が確認されている研究論文があります。海外には犬などに用いる薬剤(デスロレリン)が存在するため、海外の獣医師はこれを鳥に使用して治療を行うことがほとんどです。この薬剤は日本では未承認のため輸入する必要がありますが、かなり高価なため、あまり現実的ではありません。

治療に求められる条件

治療を行う前にどんな効果やリスクがあるのか、理解を深めましょう。長い通院になるケースも多いので、どのような治療を行うかは、かかりつけの獣医師としっかり相談することが大事です。飼い主さんが納得したうえで治療を行いましょう。

❶しっかりとした効果があること

ホルモン療法薬の効果は、薬の種類や鳥の個体差によって異なります。薬剤によって治療効果(作用機序)が異なるため、場合によっては完全に発情が止まらないこともあります。その場合は、獣医師の判断により薬用量を上げたり、薬剤の変更を行います。飼い主さん自身が効果を実感できなければセカンドオピニオンの検討も視野に入れましょう。

❷効果が持続すること

ホルモン療法薬には注射薬と内服薬があります。注射薬は徐放性製剤と呼ばれるもので、薬の成分が少しずつ体内に長時間放出され続けるように加工された製剤です。持続期間は製剤によって異なります。ただし、注射した薬剤が体内にすべて吸収されると効果が切れてしまうので、効果が切れた後に発情が始まる場合は、また注射をする必要があります。内服薬は基本的には飲み続ければ効果が続きますが、内服をやめるとすぐに効果がなくなるので、こちらも内服をやめた際に発情が始めれば、薬を飲み続ける必要があります。

❸副作用が少なく、継続して使用できること

薬剤に効果(作用)があれば、必ず副作用もあります。治療中は頻繁に薬剤を使用するので、副作用が少なく、継続して使用できる薬を獣医師と共に相談し、選択することが必須です。

薬が効く仕組み

ここでは鳥が発情する仕組みをホルモンの観点から解説し、薬がどう効くのかを解説します。専門的な用語が多いので読み飛ばしていただいてもかまいません。

2章で解説したように、鳥の体に発情スイッチが入ると発情期に入ります。すると、脳の視床下部から、「性腺刺激ホルモン放出ホルモン(GnRH)」が分泌されます。GnRHは次に下垂体前葉を刺激し、これにより「卵胞刺激ホルモン

（ＦＳＨ）」と「黄体形成ホルモン（ＬＨ）」が分泌されます。この2つのホルモンが卵巣や精巣に作用して発情のトリガーとなります。

これらが分泌されるとメスの卵巣からもアンドロゲン（男性ホルモンの総称）が分泌され、性衝動と攻撃性が上昇してしまうのです。卵巣で分泌されたアンドロゲンは、アロマターゼという酵素によってエストロゲンになります。これは人体にもある、いわゆる女性ホルモンです。このエストロゲンが卵巣で卵胞（卵黄が

性ホルモン動態とその役割

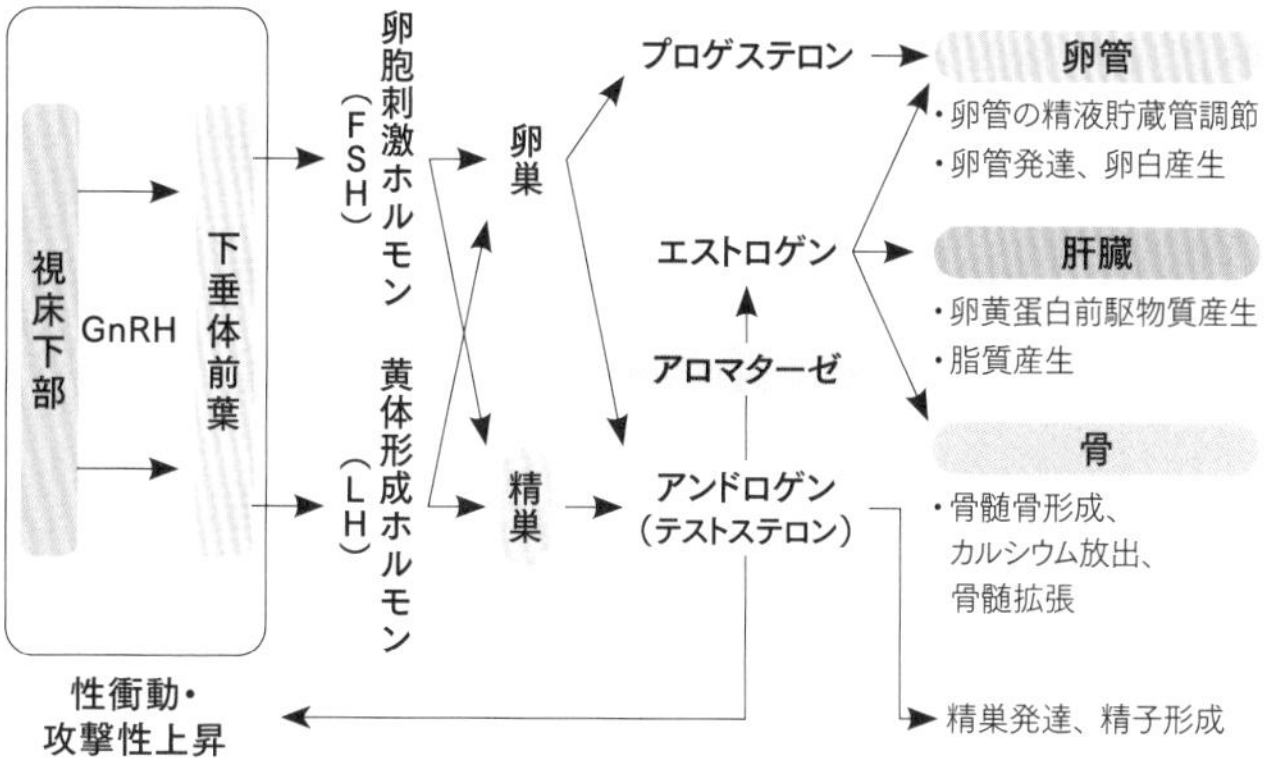

形成される部分・54ページ参照）形成を促進し、卵を生み出すもととなります。

同じくこのエストロゲンが卵管に作用すると卵管が発達し、卵白がつくりだされます。肝臓に作用すると卵のもととなる卵黄蛋白前駆物質と脂質産生を促進し、骨に作用すると骨髄骨を形成、同時に骨を壊して血液中へカルシウムを放出し、そして恥骨を軟化し拡張させます。

卵巣からはさらにプロゲステロンという黄体ホルモンも分泌されます。これは人の妊娠期に増えるホルモンで、鳥の場合は卵管の精液貯蔵管の調節に関与するホルモンです。

次のページから紹介する薬剤は、これらのホルモンの分泌を抑えたり止めたりする効果があるために、発情を止めることができるのです。

治療に使われる薬

ホルモン剤にもさまざまな薬剤があります。
それぞれの薬の特徴を解説します。

リュープリン（注射）

薬剤名 リュープロレリン酢酸塩
薬効分類名 LHRH（黄体形成ホルモン放出ホルモン）
誘導体 マイクロカプセル型徐放性製剤
人の効能・効果
❶過多月経、下腹痛、腰痛及び貧血等を伴う子宮筋腫における筋腫核の縮小及び症状の改善
❷子宮内膜症　❸閉経前乳癌　❹前立腺癌　❺中枢性思春期早発症

《 作用機序 》

リュープリンを注射すると最初に急性効果と呼ばれる発情状態が３日ほど続きます。一時的に黄体形成ホルモンと卵胞刺激ホルモンの分泌量が増加するため、エストロゲンの分泌量が上昇するのです。しかし血液中のリュープリン濃度が維持されると、下垂体前葉のGnRH受容体の反応性が低下し、卵黄形成ホルモンや卵胞刺激ホルモンの分泌が低下します。これを慢性効果といい、卵巣からエストロゲン、精巣からのアンドロゲンの分泌が低下して発情が抑制されます。こうした機序で長期間、鳥の下垂体前葉のGnRH受容体の反応性を低く抑えられているので、視床下部から「性線刺激ホルモン放出ホルモン（GnRH）」が分泌されても、リュープリンが効いている限り発情を止めることができます。

《 投与方法 》

皮下注射もしくは筋肉注射（人においてリュープリンは皮下注射）。

《 **効果と作用時間** 》

リュープリンは前述した徐放性製剤のため、マイクロカプセルが注射した部位にとどまり、体内でゆっくりと溶けることで薬剤が持続的に放出され、長期間効果が持続します。リュープリンの種類によって作用時間は異なります。

・リュープリン　約２週間（人：１ヶ月）

・リュープリンpro　約２～３ヶ月（人：６ヶ月）

リュープリンの効果は強く、適切な薬用量を使用すればメスは完全に発情抑制をすることができますが、オスの場合はメスよりも高用で使用しなければ発情抑制ができません。オスは効果が切れるとすぐに発情するためリュープリンproを推奨しています。

《 **投与間隔** 》

リュープリンの効果が切れてもすぐに発情が見られなければ、定期的に打ち続ける必要はありません。発情したタイミングで来院し、注射します。

《 **副作用** 》

人では、特に女性において投与した後にエストロゲン低下による更年期障害様の症状が出ます。鳥は人と違いエストロゲンの低下は非繁殖期の状態になるだけなので、そうした症状は出ません。ただし、発情が止まると本来であれば換羽が起こるため、これにより元気や食欲が一時的に低下することがあります。リュープリンの薬用量が足りない場合は急性効果のみが持続し、結果発情亢進してしまうので、適切な薬用量を使用する必要があります。

レトロゾール（内服薬）

薬剤名 レトロゾール　**薬効分類名** アロマターゼ阻害剤
人の効能・効果 閉経後乳癌

《 作用機序 》
アロマターゼ（179ページ参照）の働きを阻害することでエストロゲンの産生を抑制し、発情を抑制します。レトロゾールはオスには効果がありません。

《 投与方法 》
飲水投与かシロップで直接経口投与。

《 効果と作用時間 》
メスの発情抑制効果は非常に強く、飲ませると約２～３日で発情が止まる傾向にあります。オスには効果がありません。
ただし効果は内服期間限定です。発情が止まり、換羽が来た場合には内服を休止してもすぐに発情しませんが、休止してすぐに発情する場合には継続する必要があります。毎日飲ませなくても発情が止まっている場合には、１～３日おきに断続的な投与も可能です。

《 副作用 》
人では血栓症・栓塞症、肝機能障害などを起こしますが頻度は不明とされています。人体用薬剤なので、鳥での副作用は調べられていませんが、肝機能障害には注意を払う必要があります。臨床的に見られる短期的な副作用としては、換羽による一時的な元気や食欲の低下です。長期的には、血液中のアンドロゲン上昇があります。アンドロゲンがエストロゲンに変換されないために起こるもので、生殖器の活動を伴わない性衝動や攻撃性の上昇が見られることがあります。ウズラでは、当院において羽のオス化とメラニン産生上昇と考えられる脚鱗《きゃくりん》（足を覆うウロコ状の皮膚）の黒色化の例があります。

タモキシフェン（内服薬）

薬剤名 タモキシフェンクエン酸塩

薬効分類名 抗乳癌剤　**人の効能・効果** 閉経前乳癌

《 作用機序 》
エストロゲン受容体に対してエストロゲンと競合的に結合し、抗エストロゲン作用を示すことによって発情を抑制します。

《 投与方法 》
飲水投与かシロップで直接経口投与。

《 効果と作用時間 》
内服期間中のみ効果がありますが、効果は穏やかです。タモキシフェンのみでメスの発情を完全に抑制するのは難しいケースが多く見られます。オスには効果がありません。

《 副作用 》
人では白血球減少、貧血が副作用として出ることがありますが、セキセイインコにおけるタモキシフェンの副作用を調べる研究では、これらの症状は見られませんでした。

ホルモン療法薬について

●推奨されないホルモン剤

性ホルモンを抑制する薬剤の中に黄体ホルモン製剤と呼ばれるものがあります。クロルマジノン（クロノマジノン酢酸エステル）やメドロキシプロゲステロン（メドロキシプロゲステロン酢酸エステル）です。これらの薬剤は、視床下部に作用して性線刺激ホルモン放出ホルモンの分泌を抑えたり、直接性腺に作用して機能を抑制したり、エストロゲンの効果を減弱する作用があります。しかしこれらの薬剤は副作用が強く、糖尿病の誘発、肝障害、食欲亢進による肥満、免疫抑制、未成熟排卵、多飲・多尿などさまざまな症状が頻発します。これらを処方する病院もありますので、処方箋はしっかりと確認しましょう。

●発情が止まったかどうかの確認

発情が止まったかは、発情行動の消失によって判断します。発情期が止まると産卵していなくても、卵やヒナがいないにもかかわらず抱卵期や育雛期に入るメスもいます。抱卵期の場合はうずくまって膨羽し、じっとします。育雛期の場合は自分の足やおもちゃ、とまり木などにエサを吐き戻して与えようとします。換羽がくるケースも多いです。

●海外における治療

海外でのホルモン療法薬による治療（化学的去勢）のスタンダードは、175ページで紹介したデスロレリン（GnRH誘導体）です。この薬剤は、リュープリンと同様の作用を示すもので、オス・メスともに使用されます。皮下にマイクロチップ状のインプラント剤を太い注射針で埋め込みます。皮下に長くとどまり、少しずつ溶解することで薬剤が持続的に放出されるため長期間（約３～６ヶ月）効果が持続します。犬やフェレット用ですが、鳥に対して一般的に使われています。

●産卵中のホルモン療法薬投与について

即効性のあるリュープリンやレトロゾールは、お腹に卵があるときは投与を避けたほうが良いでしょう。卵詰まり（卵塞症）を起こした場合、薬剤によって発情が止まると産道がゆるまなくなり、卵を圧迫して出すことができなくなるからです。産卵後は投与可能です。

5章

発情に関連する病気

鳥のメスは発情すると体内で卵をつくるため、さまざまな生理的変化が起こります（2章参照）。この変化は体内のリソース（資源）を大量に必要とするので、体に大きな負担となってしまいます。産卵を終えるまでの発情期は通常2～3週間程ですが、飼い鳥は野生下のような本来の繁殖期を経ないため、通常以上に発情が長く続いたり、終わってもまたすぐに発情を繰り返す傾向にあります。この結果として、発情に関するさまざまな疾患が引き起こされます。発情によって生理的変化が起こるのはメスのみで、オスはメスほど生殖器疾患は多くありません。しかし、セキセイインコのオスだけは精巣腫瘍の発生率が突出して高く、発情に留意する必要があります。5章では、発情による生理的変化によって、どのような病気が起こるのかを解説します。

メスの発情に関する病気

発情するとメスの体には次のような変化があらわれます。

❶血中カルシウム上昇と骨髄骨《こつずいこつ》の生成
❷繁殖の欲求
❸生殖器発達、過産卵
❹肝臓でのタンパク質・脂質産生

これらの原因に沿って病気を解説します。

メスの繁殖関連疾患

発情に適した環境

↓

慢性発情

01 血中カルシウム上昇と骨髄骨の生成

- ○腎障害
- ○多骨性過骨症
- ○変形性関節症
- ○異所性石灰沈着
- ○複合仙骨変形
- ○鳴管石灰沈着

02 繁殖の欲求

- ○巣づくり行動
- ○巣ごもり行動
- ○攻撃性
- ○性的欲求不満
- ○羽毛損傷行動
- ○自咬

03 生殖器発達、過産卵

- ○低カルシウム血症
- ○骨軟化症
- ○卵塞症
- ○腹壁ヘルニア
- ○排泄孔尾側ヘルニア
- ○卵管蓄卵材症
- ○卵管・卵巣腫瘍
- ○卵黄性腹膜炎
- ○総排泄腔脱
- ○卵管脱

04 肝臓でのタンパク質・脂質産生

- ○羽毛形成不全
- ○クチバシ・爪の変形、出血斑
- ○翼の黄色腫(キサントーマ)
- ○類脂質肺炎
- ○動脈硬化
- ○心疾患

❶血中カルシウム上昇と骨髄骨の生成

発情したメスの体内は血液中のカルシウム濃度が上昇します。体内で急速に卵の殻をつくるため、常に骨から血液中にカルシウムを放出するのです。これは体にとって良い状態ではなく、長期間続くと健康障害を引き起こしてしまいます。血中カルシウムが上昇すると尿中にカルシウムが排出されるので多尿となり、その影響で水をたくさん飲むようになります。軟組織にも石灰化が起き、特に腎臓の尿細管に石灰化が起こると「**腎障害**」を引き起こします。尿の水分の再吸収阻害が起こるため常に多尿となり、鉄や亜鉛、その他のミネラルの吸収障害も引き起こします。

また、カルシウムを髄腔《ずいくう》内に蓄えるようになり、体内に骨髄骨ができます（56ページ参照）。鳥種にもよりますが、骨髄骨は上腕骨《じょうわんこつ》と橈尺骨《とうしゃっこつ》、もしくは大腿骨《だいたいこつ》と脛足根骨《けいそっこんこつ》の髄腔内に形成されます。産卵せずに慢性的に発情している場合は、髄腔内だけでなく全身の骨に骨髄骨が形成されるようになります。この状態を「**多骨性過骨症**」といいます。骨髄骨は生成されるとずっとそこにあるわけではなく、古い骨を吸収する破骨細胞《はこつさいぼう》と新しい骨を作る役割をもつ骨芽細胞《こつがさいぼう》によって随時生成され続けます。この期間に血液中にカルシウムを放出してしまうのです。

慢性的に発情する5歳以降の小型インコ類のメスには、特に膝関節や股関節、肩関節に「**変形性関節症**」の発生が多く見られます。変形性関節症の発症のメカニズムは解明されていませんが、関節内で骨髄骨の形成と破壊を繰り返すことで関節軟骨が減少して起こると考えられています。多骨性過骨症がさらに進行すると骨膜(骨の表面を覆っている膜)が盛り上がるように石灰化することがあり、

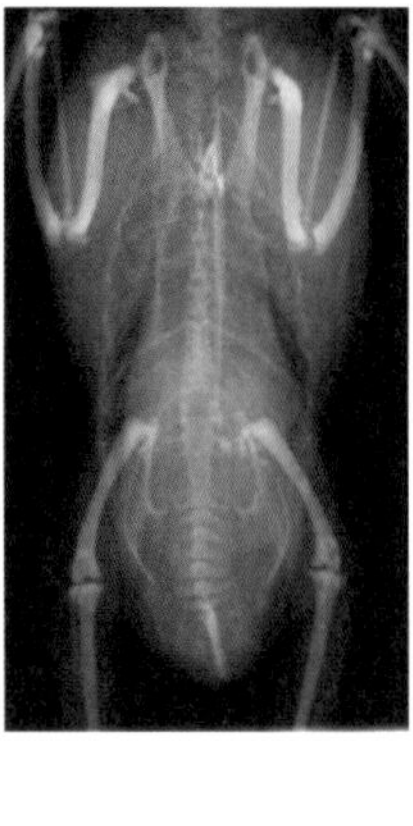
多骨性過骨性のレントゲン画像。上腕骨、背骨、大腿骨が真っ白で骨髄骨が体中にできている。

この状態を「**異所性石灰沈着**」といいます。これが複合仙骨（骨盤）に起こるとお腹側に石灰化して盛り上がるように変形することもあります。複合仙骨のお腹側には腎臓があるため、腎臓が圧迫され腎機能に影響を及ぼしかねなくなります。また、鳥には鳴管軟骨《めいかんなんこつ》という鳴管周囲を環状に囲む軟骨があり、発情するとこの部分が石灰化することがあります。発症すると呼吸音や咳が出ることもあります。

❷繁殖の欲求

主に2章で紹介した通りですが、メスは発情すると「**巣づくり行動**」や「**巣ごもり行動**」を起こします。そして性的興奮が続くと甘えたり、逆に気が立って攻撃的になることもあります。交尾の欲求が出るため、飼い主さんの手に対して背中を反らす交尾受容姿勢を取るようになりますが、本来の繁殖行動が取れないので性的欲求不満に陥るケースもあります。欲求不満によるストレスは、**羽毛損傷行動（毛引き・毛噛み）**や**自咬**の原因にもなります。

❸生殖器発達、過産卵

メスが発情すると生殖器（卵巣と卵管）が発達し、お腹の筋肉が緩んで恥骨間が広がります。これらの状態は発情の強さにもよるため、弱い発情の場合はお腹の筋肉や恥骨に変化が出ない場合もあります。生殖器の発達はエストロゲンによって起こるものです。

生殖器疾患のなかでも最も一般的に見られる病気については、198〜205ページで詳細を解説します。

毎月のように産卵を繰り返すと大量のカルシウムを失うため、これによって起こる病気もあります。カルシウムは本来は骨に蓄えるものですが、カルシウムとビタミンDの摂取量が不足していたり、骨へのカルシウムの蓄積が間に合わないほど産卵が立て続けに続くと「**低カルシウム血症**」を起こします。これになるとぐったりして動けなくなり、全身の震え（テタニー症状）が出ることもあります。骨のカルシウム密度が低い状態が続くと「**骨軟化症**」を引き起こし、全身の骨が変形することがあります。

❹肝臓でのタンパク質・脂質産生

発情したメスの肝臓には卵黄の成分である卵黄蛋白前駆物質《らんおうたんぱくぜんくぶっしつ》と脂質、卵白の成分であるアルブミンがつくられ、血液中に放出されます。この影響で血液中のタンパク質と脂質の量が上昇します。慢性的に発情するとこの状態が続き、健康障害が引き起こされ、「**肝機能の低下**」が見られるようになります。肝臓でタンパク質や脂質がつくられると活性酸素が大量発生します。これにより肝臓細胞が障害を受けるようになります。産卵せずに過剰に食物を摂取すると脂肪肝となり、肝機能が低下する原因になります。

そして血中の脂質が増加した状態、つまり「**高脂血症（脂質異常症）**」と肝機能低下が続くと、ケラチン形成に異常をきたします。羽・クチバシ・爪はケラチンでできているため、羽の変形や変色がみられる「**羽毛形成不全**」、「**クチバシ・爪の変形、出血斑**」が見られるようになります。

また、翼の先端（中手骨内側）に黄色いしこりができることもあります。これは「**黄色腫（キサントーマ）**」という良性のできものですが、血中のコレステロール値が高いとできやすくなります。肺に脂質が沈着して、「**類脂質肺炎**」を発症します。これは特にラブバードに多く見られ、発情すると呼吸困難を引き起こすこともあります。高脂血症は人でも見られる、いわゆる血液がドロドロの状態です。血圧上昇と高脂血症が継続すると「**動脈硬化**」や「**心疾患**」を引き起こします。

肝疾患・高脂血症による羽毛変色

オカメインコの淡黄色の羽毛が濃く変色した状態。もともと生えている黒い羽毛はメラニンがあるため変色がわかりにくく、気づかない場合も多くあります。

肝疾患・高脂血症による出血斑

病気によりクチバシの質が低下し、こげ茶色の斑点ができた状態。クチバシのケラチン形成時に血液が混入したために起こります。さらに症状が進むとクチバシが伸びるようになります。

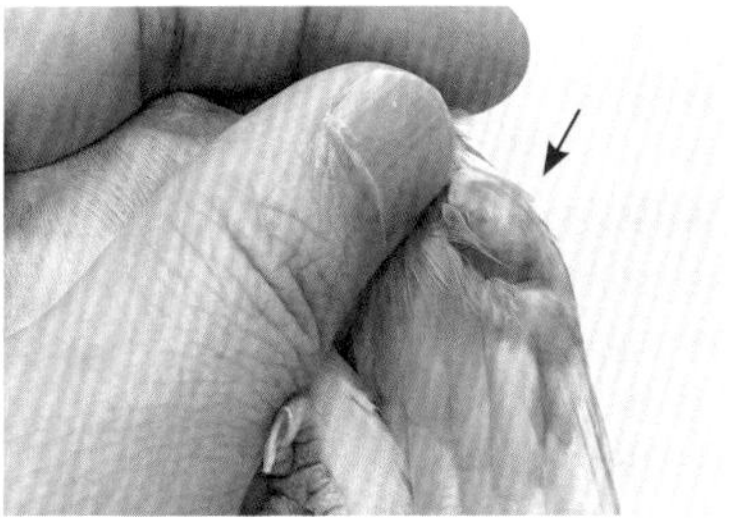

翼にできた黄色腫

コザクラインコの手根関節の内側にできた黄色腫(キサントーマ)。だんだんと肥大化していきます。

メスに多い発情に伴う生殖器疾患

メスは発情したり、卵ができたりするとお腹が大きくなりますが、なかなか卵を産まなかったり、異常にお腹が張っている時には生殖器疾患の可能性があります。ここでは発生率の多い生殖器疾患を紹介します。

【腹壁ヘルニア】

原因 腹筋が断裂し、皮膚の下に腸や卵管が出てしまう病気。発情が関係しており、発情を繰り返すメスに多く見られる。

発情したメスはお腹に卵をもつために腹筋が弛んで、恥骨間が開きやすくなる。この時に腹筋が薄く引き伸ばされて弱い状態になり、下腹部の恥骨間で断裂すると考えられる。腹筋は断裂しても、その下には肝後中隔という膜があり、肝後中隔が引き伸ばされてヘルニア嚢を形成し、皮膚の下に内臓が出た状態になる。これによってお腹が大きくなり、引き伸ばされた皮膚は黄色く分厚くなる。

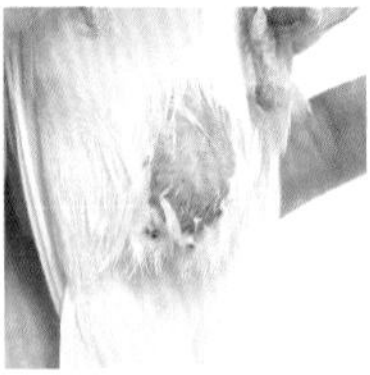

症状 お腹が大きくなる。大きくなった部分は黄色腫（キサントーマ）に変化し、お腹に黄色い塊ができたようになる。

治療 ヘルニア整復手術が必要。手術をしなくても元気なので、病院によっては様子見とすることもあるが、経過が長いと悪化した時に整復が困難になるので、早めに手術の検討を。

【卵管蓄卵材症】

原因 卵管内に卵材が蓄積する病気。排卵後、正常な卵にならなかったものが卵管内に停滞し、その後も排卵したり、卵白が分泌されて卵管内に卵材が貯留して発症する。卵管から卵材がお腹の中に漏れると、卵黄性腹膜炎を併発する。

症状 お腹の張り。卵材の量が多くなると卵管が膨大し、お腹が張ってくる。

治療 手術で卵材と卵管を摘出する。

【卵黄性腹膜炎】

原因 排卵した卵黄が卵管内に入らずにお腹の中に落ちて、卵黄が腹膜や腸の漿膜面に付着し炎症を起こして発症する。卵黄のみによる炎症の場合は無菌性だが、卵管からの上行性や血行性に細菌が感染することもある。

症状 慢性的な無菌性炎症の場合は無症状のことが多いが、卵黄の量が多かったり、細菌感染を起こすと急性炎症により腹水がでてお腹が張ってくる。

治療 消炎剤と抗生剤によって寛解することもあるが、治療の反応がない場合は開腹手術によってお腹の卵材を除去し、卵管内にも卵材がある場合には卵管を摘出し、洗浄する。

【総排泄腔脱】

原因 卵管口が開かないにもかかわらず、鳥が産もうと息んでしまったために卵と共に総排泄腔が反転して脱出した状態を総排泄腔脱と呼ぶ。

症状 総排泄腔の粘膜が露出した状態。お尻から赤いもの(臓器)が出ている。

自宅で見つけたら 突出した臓器が乾燥して壊死した場合は命にかかわる。粘膜が乾燥しないようにワセリンやオロナインなどを塗って、急いで病院へ。

治療 卵管口から見えている卵の殻に穴をあけて内部を吸引し、次に殻を割って、卵管口から少しずつ殻を取り除く。その後総排泄腔の粘膜をお尻の中へ戻す。息んで粘膜が脱出する場合には、排泄孔を便が出るよう緩く縫合する。

【卵管脱】

原因 産卵時に卵管口が緩んでしまったために卵管が反転して脱出する。

症状 赤い粘膜が腫れて脱出する。

自宅で見つけたら 出した臓器が乾燥して壊死した場合は命にかかわる。粘膜が乾燥しないようにワセリンやオロナインなどを塗って、急いで病院へ。

治療 脱出した粘膜を洗浄後、お尻の中へ戻し、排泄孔を便が出るよう緩く縫合する。通常の卵管脱では子宮部が反転して脱出するが、さらに上の部分の卵管が重積を起こして卵管脱を起こした場合は、脱出した卵管をお尻の中に戻しても整復不可能なため、手術で卵管を摘出する。

【卵巣・卵管腫瘍】

よく見られる鳥種 小型インコ類、特にセキセイインコ。

原因 はっきりした原因はわかっていないが、慢性的な発情が影響していると考えられる。

腫瘍の種類 腫瘍の形状は2種類あり、充実成分(固形成分)でできた「充実性腫瘍」と液体が溜まった「嚢胞性腫瘍」。この2つが混合していることもある。

診断 レントゲン検査と超音波検査で、腫瘤や嚢胞の有無を確認する。

症状 腫瘍ができるとお腹が張って、呼吸器を圧迫するため呼吸が苦しくなる。

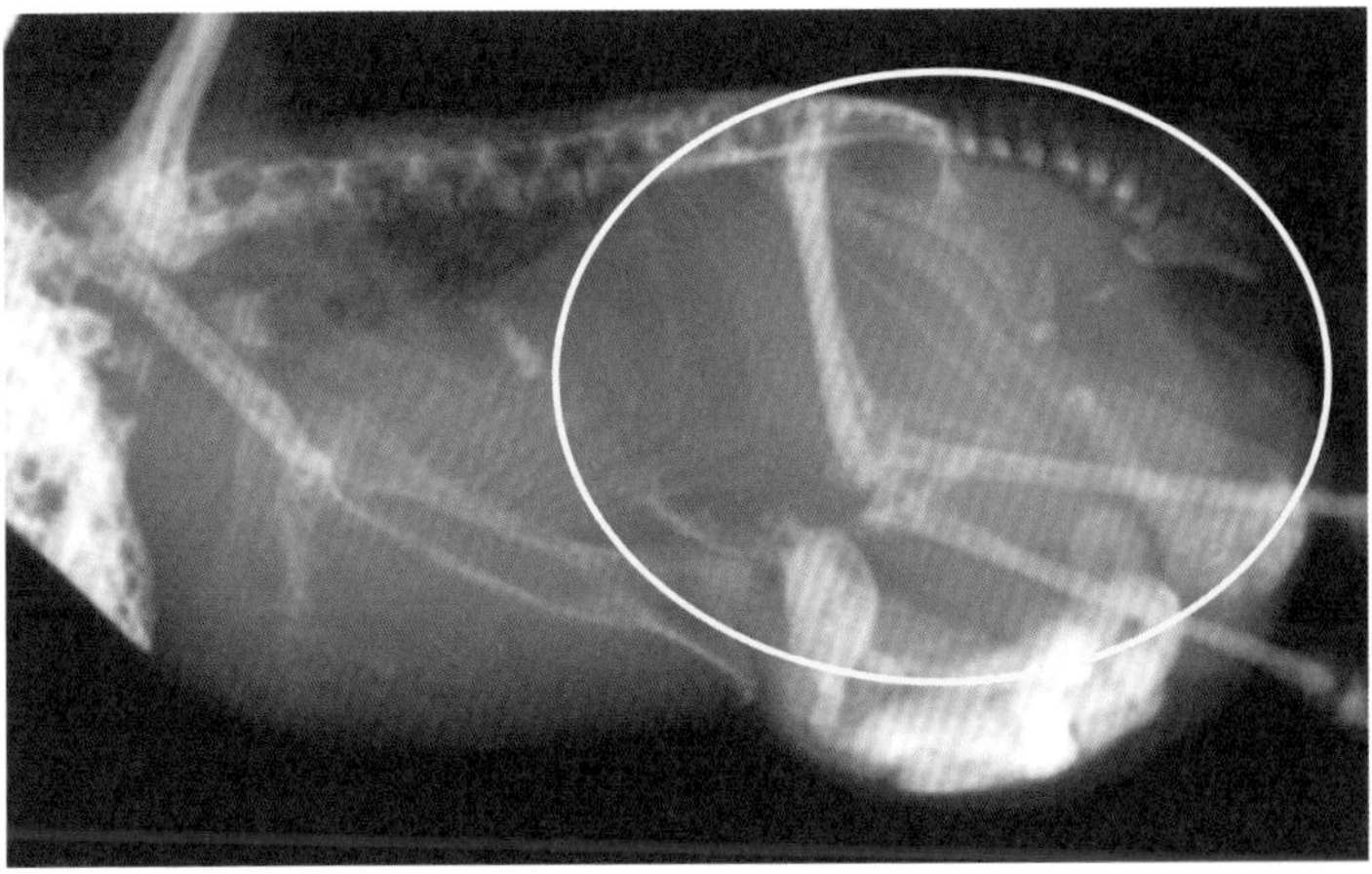

卵巣腫瘍のセキセイインコの消化管造レントゲン画像。円内に写っているのが卵巣腫瘍で、胃腸が下側に圧迫されている。

治療 摘出手術、抗がん剤治療、自然免疫療法。

充実性腫瘍は多くの場合が癒着しているため、摘出が困難。嚢胞性腫瘍の場合は、水を抜けば小さくなるので、癒着がなければ摘出可能。癒着があるかどうかは、開腹手術で確認を行う。摘出した腫瘍組織に対して抗がん剤感受性試験ができるため、摘出後の検査結果に従って抗がん剤治療も可能。鳥の場合は、静脈内に点滴することができないため、内服できる分子標的薬を使用する。分子標的薬は、従来の抗がん剤とは異なり、腫瘍細胞にのみ作用するため、比較的副作用の少ない治療薬とされる。

手術や抗がん剤を希望しない場合は、自然免疫療法を行う。自然免疫療法は、免疫を賦活するβグルカンやLPS(リポポリサッカライド)などによって腫瘍抑制効果をねらうが、鳥の腫瘍は成長が早いため、大きな効果はあまり期待できないことが多い。

卵詰まり（卵塞症）について

発情したメスの病気のなかでも緊急性が高く、命の危険に関わりやすい卵詰まり。うまく卵を産めないことで起こる病気のため自宅で起こりやすく、飼い主さんにとっさの対応が求められます。

卵詰まりの原因

卵詰まりの原因には、❶産道が緩まない、❷卵管が収縮しない、❸力が入らない、❹卵の形成異常などがあります。

❶産道が緩まない

産卵時にリラックスできないことが原因です。通常、産卵は温かい時期に安全な巣の中で行われます。産卵時に気温が低かったり、安心できる場所がないと交感神経が優位になり産道が開きにくくなると考えられます。また、過去の産卵時に卵管口（卵管の総排泄腔への開口部）が損傷して硬くなっていたり、閉鎖している場合も産道が緩まない原因です。さらに、息むのがうまくできない鳥は産道が開きません。本来、鳥は産卵しようと息むことで卵管口に圧力がかかると、卵管口弛緩を誘発するホルモン（プロスタグランジンE2）が分泌すると考えられています。

❷卵管が収縮しない

これは人にたとえると陣痛が起こらない状態です。通常は卵ができると2種類のホルモン（アルギニンバゾトシンとプロスタグランジンF2α）が分泌され、子宮部（卵殻腺）が収縮し、膣部へ移動させるためのぜん動が起こります。カルシウム不足やなんらかの原因で、卵ができても子宮部がシグナルを受け取らないために陣痛が起こらないのです。

❸力が入らない

過産卵やカルシウム不足によって低カルシウム血症を起こすと鳥は体に力を入れることができません。筋肉を動かすためにはカルシウムが必要だからです。卵殻形成のためにカルシウムが使われ、産卵時にカルシウムが足りないと産むことができません。

❹卵の形成異常

カルシウムが足りずに殻ができなかったり、カルシウムが足りていても子宮部の異常で殻ができなかったりすると産めないことがあります。また、卵黄がない・小さい卵・大きすぎる卵・変形した卵ができた場合は、産めないことがあります。

II 卵詰まりの症状

一般的な症状は、お腹が張っていて、何度も息んでいるのに産卵しない様子です。強い腹痛がある場合は、膨羽して食欲が下がります。低カルシウム血症を起こしている場合は、膨羽してぐったりします。しかしなかには卵ができているのに息まなかったり、具合が悪くならないこともあります。この場合は、お腹を触って卵があることを確認し、1日経っても産まなければ卵詰まりと判断し病院へ行きましょう。

III 卵詰まりの治療法

卵詰まりの治療法には、①圧迫して押し出す、②外科的に摘出する方法の2種類があります。病院によっては、圧迫しても卵を出せない場合やお腹の中で卵を割ってしまった場合に様子見とすることがありますが、1日以上様子を見るのは危険です。産道が閉まり、さらに卵を出せなくなったり、卵黄性腹膜炎を起こしてしまうので、すぐにセカンドオピニオンを受けましょう。

❶圧迫して押し出す方法

卵が詰まったばかりで産道が弛む場合には、卵圧迫排出処置を行います。鳥を保定し、指でお腹に圧迫をかけて排泄孔に向かって卵を押します。すると排泄孔から卵管口が見えてきます。卵管口がゆるんで卵が見えてくるようであれば、押し出すことができます。

この時に卵管口が十分に開かない場合は、卵に穴をあけて卵黄と卵白を吸引後、卵管内で卵を割って、殻を取り出すこともあります。しかしまったく卵管口が開かない場合は、圧迫では卵を出すことができないので手術を行います。圧迫時の注意点は、卵殻の形成が未完成な場合は、圧迫した際に卵が卵管内で割れてしまうことです。卵管内に卵黄や卵白が出てしまうと、卵管をさかのぼって腹腔内に漏れてしまい卵黄性腹膜炎を起こすので、この場合もすぐに手術を行う必要があります。また卵が逆ぜん動によって卵管をさかのぼったり、お腹の中に卵が落ちてしまっていることもあるので（卵墜症）、お腹を押してよい状態かどうかの見極めも重要です。

❷外科的に摘出する方法

卵が出せない場合や卵管内で卵が割れてしまった場合には手術が必要です。全身麻酔をかけて、開腹手術で卵を摘出します。体力的に余裕がある鳥の場合は、卵ができないようにするために卵管も摘出します。卵巣は取ることができず、卵管を取っても発情はするので、発情抑制は継続す

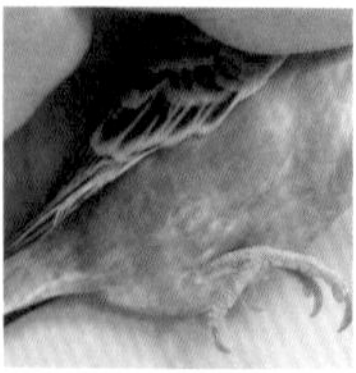

お腹が張っているが産卵しないセキセイインコ。卵詰まりと判断し、卵の圧迫排出処理を病院で行なった（動画参考）。

る必要があります。

卵詰まりで病院に行くまでにできること

自宅でできることは安静にさせることと保温です。冷えて産めなくなっている場合には、体が温まっただけでも副交感神経が優位になって産道が開きやすくなります。目安はケージ内温度30℃、湿度50％ですが、鳥が暑がっていないかどうかも気をつけましょう。保温を開始して食欲元気があるようであれば1日様子を見て、産卵しなければ病院へ連れて行きます。保温をしても食欲元気がすぐに戻らなければ、早めに病院へ連れて行きましょう。

食欲がない場合には、温めたポカリスエットを飲ませてかまいません。カルシウムの補給は、カトルボーンを削って舐めさせましょう。ボレー粉だとカルシウムの吸収が悪いので早急なカルシウムの補給にはなりません。水分もカルシウムも受けつけない場合や、ぐったりして力が入らない場合は、すぐに病院へ連れて行きましょう。

卵詰まりのときにやってはいけないこと

自己流で鳥の卵を出そうとするのは非常に危険です。鳥に腹痛がある場合に保定をうまくできないと強いストレスがかかります。過産卵によって骨密度が低い鳥は骨折しかねません。

また、昔の飼育書に書かれていた方法ですが、ハチミツにブドウ酒を混ぜて飲ませるといった方法は効果が期待できません。

鳥のお尻に油を入れるという方法もよく書かれていますが、お尻ではなく体内のもっと深い場所である卵管口が開かないために産卵できないので、お尻に油を入れても産道を潤滑させることはできません。

オスの発情に関する病気

❶ 繁殖の欲求

オスは適した環境下であれば持続的に発情します。メスよりも性衝動が強いため性的欲求不満を起こしやすく、ストレスで羽毛損傷行動や自咬に発展したり、攻撃的になります。嫉妬や欲求不満によりペアに対しても攻撃的になることがあります。交尾行動（自慰行為）の回数が多いと、総排泄腔内の粘膜が切れて下血したり、お尻周囲の

オスの繁殖関連疾患

発情に適した環境

↓

慢性発情

繁殖の欲求

- ○性的欲求不満
- ○交尾下血・羽の損傷
- ○攻撃性
- ○羽毛損傷行動
- ○自咬
- ○交尾行動（自慰行為）

生殖器発達

- ○精巣腫瘍

・若くして精巣腫瘍になるのはセキセイインコ。
・ウズラも若くして精巣腫瘍になることがある。

羽毛が擦り切れることもあります。

❷生殖器発達

野生のオス鳥の精巣は、非繁殖期は自然と小さくなります。しかし、飼育下の多くのオスの精巣は常に発情し、発達した状態です。生殖器疾患のほとんどは精巣腫瘍で、時折嚢胞《のうほう》化することがありますが、これはほとんどがセキセイインコで、次にウズラです。そのほかの鳥種で若くして精巣腫瘍になることは極めて稀ですが、高齢のオカメインコにも比較的多く見られることがあります。

精巣腫瘍になる原因や責任は飼い主さんにはありません。どんなに工夫をしても環境や飼い方でオスの発情を止めることはできないので、腫瘍化しやすい体質と捉えましょう。オスは発情しても血液性状が変化しないので、腎臓や肝臓、心血管に影響が出ることはなく、メスに比べて生殖器疾患は非常に少ないです。

オスに多い発情に伴う生殖器疾患

【精巣腫瘍】

よく見られる鳥種 セキセイインコ。

腫瘍の種類 精巣腫瘍にはいくつか種類があり、セルトリ細胞腫、精上皮腫、ライディッヒ細胞腫、リンパ肉腫、奇形腫など。

最も多いのが、セルトリ細胞腫。セルトリ細胞腫は、女性ホルモンであるエストロゲンを分泌するため、ろう膜がメス化し、ろう膜色がくすんだり、茶色に変化する。精上皮腫でもろう膜色の変化が出ることがあるが、その他の腫瘍の場合はろう膜に変化が出ることはない。

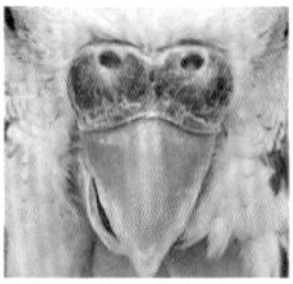

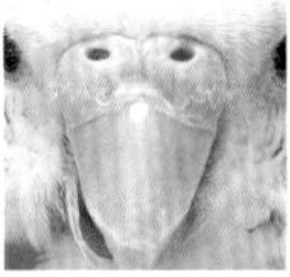

原因 セキセイインコが若くして精巣腫瘍になる原因は未だ不明。常に発情して精巣が発達していることが影響している可能性はあるが、他の鳥種では同じ状況でも若くして精巣腫瘍にならないことを考えると、セキセイインコには腫瘍化しやすい遺伝的素因があるとする説もある。

診断 レントゲン検査で精巣の腫瘍化を確認する。精巣が腫瘍化してもすぐに大きくなるわけではない。精巣は腫瘍化しても、発情している時の大きさのままか、逆に小さくなることもある。

また、ろう膜の色に少しでも変化が出た時点で精巣は腫瘍化していることも多い。レントゲン検査ではエストロゲンの影響でできた骨髄骨が確認できる。セキセイインコの場合、骨髄骨は通常上腕骨と橈尺骨からでき始め、多骨性過骨症になることもある。精巣がいつ大きくなり始めるかは決まっておらず、何年も大きくならないこともあれば、あっという間

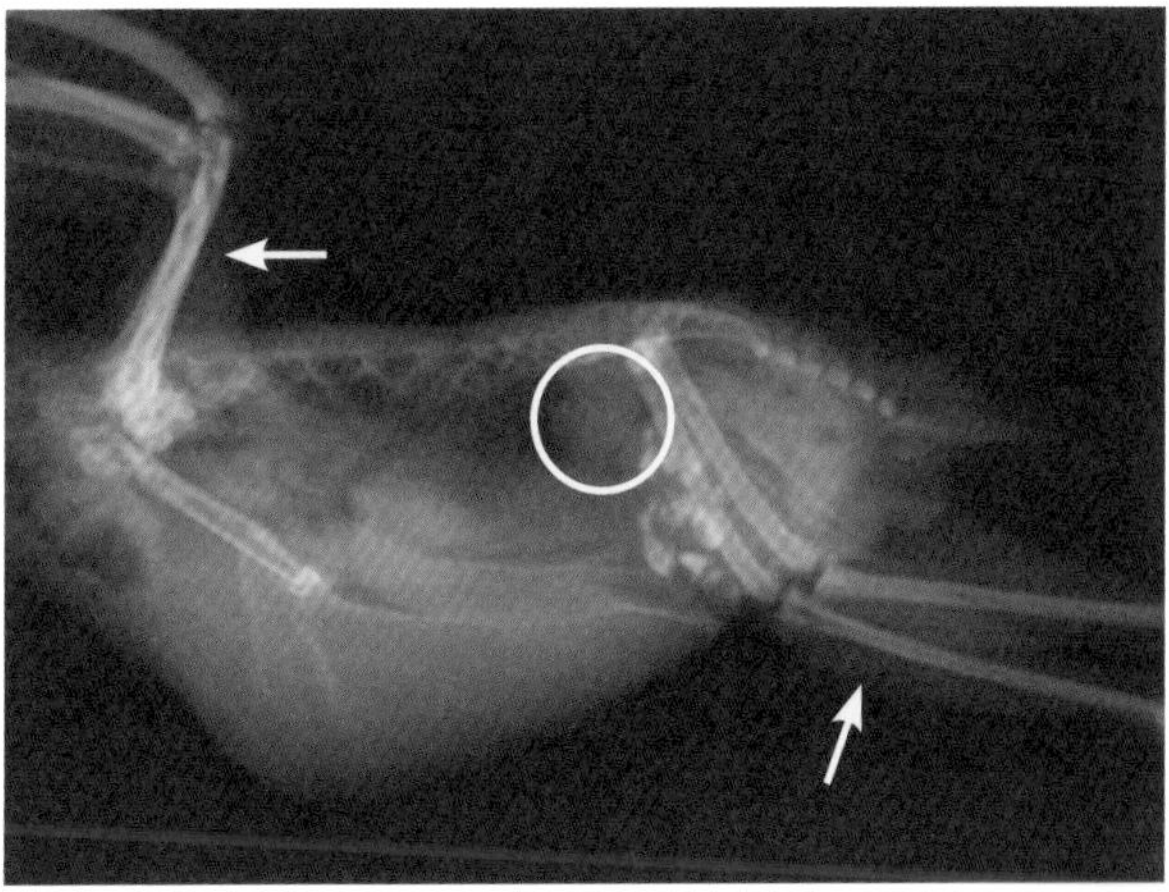

精巣腫瘍のセキセイインコのレントゲン画像。円内に写っているのが精巣。骨髄骨（矢印）があるため、精巣は腫瘍化している可能性が高いが、まだ大きくはなっていない。

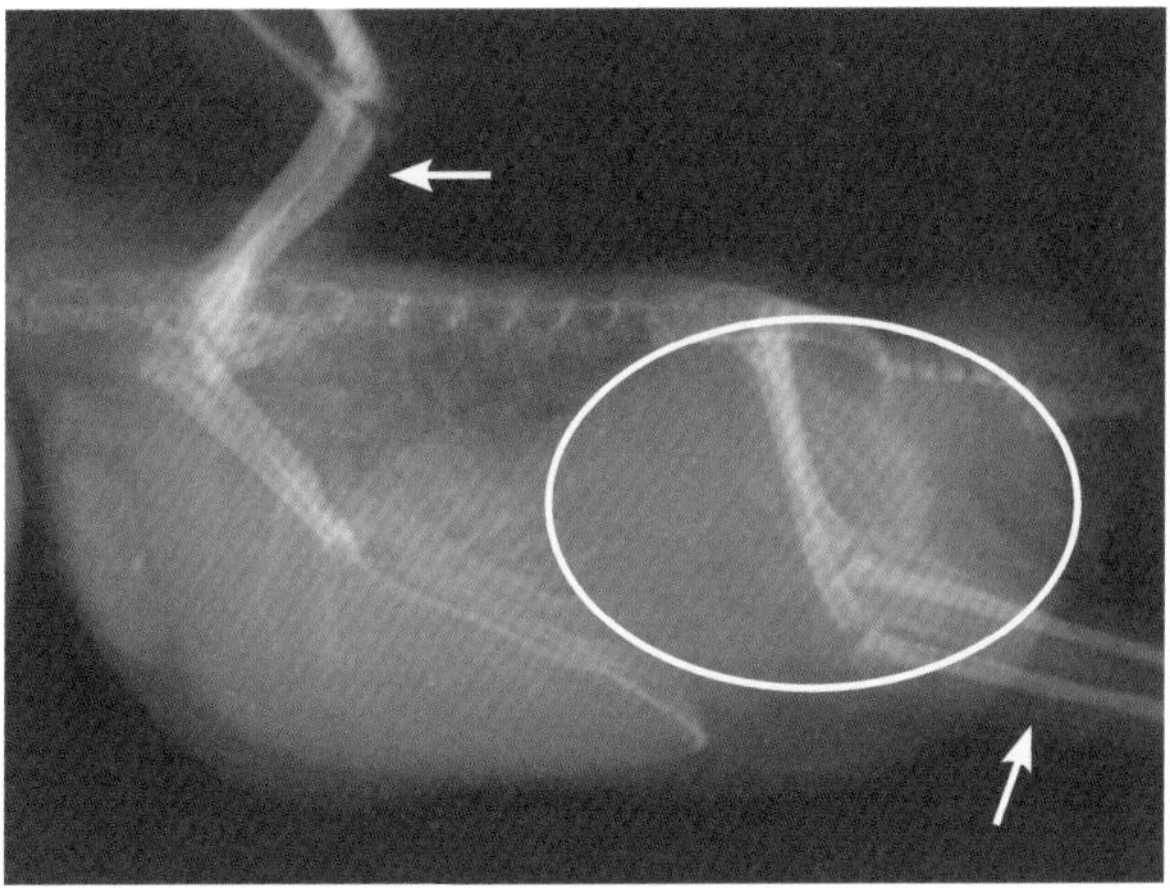

同上（別個体）。円内に写っているのが大きくなった精巣腫瘍。骨髄骨（矢印）があるため、セルトリ細胞腫が疑われる。

に大きくなることもある。

治療 摘出手術、抗がん剤治療、自然免疫療法など。

完治を目指す場合は摘出手術を行う。腫瘍の長径が15㎜以内の場合は手術を検討できる。生存率は70％程。腫瘍が大きいほど生存率は低くなる傾向にあり、特に長径が15㎜を超えると極端に生存率が下がる。手術の最も大きいリスクは出血で、場合によっては輸血が必要になる。摘出した腫瘍組織に対して抗がん剤感受性試験ができるため、摘出後の検査結果に従って抗がん剤治療も可能。

自然免疫療法は、腫瘍が小さい場合で手術を希望しない場合に行われる。免疫を賦活するβグルカンやLPSなどによって腫瘍抑制効果をねらう。タモキシフェン（184ページ参照）を投与するケースもあるが、この場合はエストロゲンの影響を緩和するために投与される。タモキシフェンに精巣腫瘍の抑制効果は確認できていない。

Column

飼い主さんのお悩み一問一答

今は元気に過ごしていますが、人間と同じように病気になることもあると思います。特に、開腹手術になった場合に備えて、その際の心がまえや飼い主としてできる心の準備を教えてください。

（ウロコインコ♀の飼い主さんより）

手術をしなければそれに越したことはありませんが、とはいえ、その時は急に訪れ、飼い主さんは大きな決断をいきなり求められることになります。そんな時、命を失うかもしれない不安で冷静な判断ができない方や、感情的になり、獣医師の説明も耳に入らない方もいます。かわいそうという思いから、手術で治せる病気でも決断できずに様子を見てしまい、悪化させてしまうこともあります。

飼い主さんができる心の準備は、いざという決断を迫られた時に、「今私にできることは何か」に焦点を当てられるようにしておくことかもしれません。もしもの可能性や大切な存在を失う恐怖にとらわれず、目の前の鳥に最適な処置をどう施すのかという視点で冷静に考えることが重要です。とっさにそれができないのが普通かもしれません。この本を手に取ってくださったことをきっかけに、愛鳥がもしそうなったらどうすべきかというイメージトレーニングを行うのも心の準備につながるはずです。

そして、手術をするかどうかを冷静に考えるには、獣医師から判断材料となる診断名、治癒率、手術の生存率、予後、費用などを聞くことが重要です。家族と相談し、決断をしましょう。ただし鳥の診療はとても難しく、病院によって診断や予後の見立てが異なります。設備や手術技術・経験、生存率もさまざまです。緊急性が低い病気の場合は、飼い主さんが納得のいくまで獣医師に説明を求め、セカンドオピニオンも積極的に行いましょう。

飼い主さんからの質問コーナー

SPECIAL COLUMN

Q 発情抑制は何歳から必要？

A おとなになったらスタート

性成熟年齢に達したら対策の準備をしましょう（年齢は巻末付録参照）。３章で紹介した食事制限の一歩目である、食事量を調べることから始めてください。

Q 発情抑制はいつから始めたらいい？

A いつはじめてもOK

普段の暮らしの中で発情行動やその徴候が見られたら、対策を始めましょう。性成熟後であればいつ始めてもかまいません。もちろん、この本を読んで「これは発情だな」と気づいたその時からでも。どんな状態からでも効果は期待できます。

Q 発情が強い子や弱い子の特徴を教えてください

A 鳥それぞれです

多くの飼い主さんがお迎えする子は、ブリーダーさんが繁殖した個体です。遺伝的に必然と繁殖率の高い個体が選択されていくこととなり、その子孫は繁殖率の高い個体、つまり発情しやすい体質になっていく傾向があります。しかし、必ずしもそれに当てはまるわけではありません。なかには発情が弱かったり、まったく発情しない子もいますが、外見では判断できません。鳥が生まれもった性質を尊重してあげてください。発情が弱いからといって心配する必要はまったくありません。

Q 発情するとどうして凶暴化してしまうの？

A 巣とヒナを守るため

発情によって攻撃的になったり気が立つ、その仕組みを解説しましょう。

野生下での繁殖は常に障害や危険が伴います。鳥種にもよりますが、巣の確保は仲間との競争です。ペアで協力し、仲間との競争に打ち勝ち、より安全な場所の巣を獲得しなければなりません。巣を確保した後は一定期間同じ巣内に留まって子育てせねばならず、敵に襲われるリスクと隣り合わせです。こうした状況を生きるため、発情中の鳥はナーバスで攻撃的になってしまうのです。

また、人をパートナーだと認識している鳥は、人にもペアの相手としての行動を求めます。けれど私たち人はどんなに努力してもペアの代わりになることはできません。発情した鳥が求める行動や嫌がる行動が理解できないので、余計にイライラさせてしまうようです。なので、ペアと思われている人でこれまで良好な関係を築いていたとしても、発情がひどくなると咬んでくることがあります。

Q オスの発情行動とただ興奮しているだけを見極めるにはどうしたらいいですか？

A 鳥種ごとの発情行動をチェック！

オスの発情行動とは、求愛行動であり、すなわち性的に興奮している状態です。喜んだり、怒ったりする普段の行動のひとつである興奮との見極めは、その鳥種特有の求愛行動の有無がカギです。これも巻末付録を参考にしてみてください。たとえばセキセイインコなら発情行動であれば瞳孔が縮小して頭部や頬の羽を膨らませ、クチバシでツンツンしたり、頭を上下に振ります。これらは性的に興奮している時にしか出ない行動です。セキセイインコが喜んでいる時は、たとえば翼を羽ばたかせたり、呼び鳴きをし、怒っている時は全身の羽を逆立てて、口を開けて威嚇したり、咬みついたりします。

Q スリスリはやめさせたほうがいいの？

A 鳥が自発的に行うのはOK、飼い主さんが誘うのはNG

スリスリを見かけて、やめさせるためにケージをバンバン叩いてみましたとか、声をかけたりして気をそらせるというのをよく聞きます。しかしどれも発情抑制効果はありません。鳥に対してストレスを与えるだけです。

そもそも発情行動とは、すでに体は発情しており、行動にそれが出た、というだけです。その行動が出るような視覚的、聴覚的、触覚的刺激など、なんらかの要因が鳥の周りにあるはずです。それが何なのかを見つけて、刺激を与えないことが大切です。

飼い主さんの手や指に対して鳥が自ら寄ってきてスリスリし始めた、という場合なら射精するまでやらせてかまいません。鳥が交尾をしたいという気持ちが高まっている状態なので、したいことを途中でやめさせられるのは期待外れにつながり、大きなストレスを与えてしまいます。

ただし、飼い主さんが率先してさせる・誘うのはやめましょう。鳥がスリスリをしそうな雰囲気であれば、手や指を出したり引っ込めて、始めさせないようにします。鳥が自発的にやるのはOK、飼い主さんが誘うのはNGを徹底しましょう。

Q ケージ内で1羽でスリスリを繰り返すのはなぜ？

A どこかに発情対象物があるはず

人が関与せず、ケージ内で発情行動をしているようであれば、ケージ内の何が引き金となっているのかを探りましょう。刺激となる物が鳥にとって愛着が強いものでなければ撤去を、とまり木であればレイアウトを変えたりしてみましょう。

Q オスのスリスリ対策を教えてください

A 完全にやめさせるのは難しい

オスの発情対策の基本は食事制限ですが、スリスリを完全にさせないようにするのは難しいものです。対策としては、前述したスリスリを始める刺激を与えないのが基本ですが、もう一つの考え方として、やってもいい時と、やらない時とをつくってもいいかもしれません。野生でもメスが常にオスの交尾を受け入れるとは限りません。嫌がるときは嫌がりますし、受け入れるときは受け入れます。ただし、ある程度はやらせないとストレスが強くなる可能性はあります。

Q 求愛のダンスは一緒にやってもいい？

A 鳥が自発的にやるのはOK、誘うのはNGを徹底しよう

これもスリスリと同じく、鳥が自発的にやるのはOK、飼い主さんが誘うのはNGです。ダンスは多くの鳥の場合、交尾を前提にオスがメスを誘う合図

です。鳥はダンスを楽しんでいるのではなく、交尾がしたくて性的興奮をしている状態なのです。飼い主さんから誘ってしまうと性衝動を引き起こすことにつながります。

ただし、ダンスがすべてNGというわけではありません。発情ダンスではないダンスは積極的にやりましょう。一緒に体を動かす、飼い主さんの歌や音楽に合わせて一緒にリズムを取るなど、発情ではない喜びを鳥がダンスや歌で表現している時はぜひ一緒に。鳥の喜びも倍になります。

Q メスどうしのダンスも発情？

A 発情です

文鳥の場合はメスも発情するとぴょんぴょんダンスをします。通常はオスが最初にダンスをするのですが、メスどうしでも片方がダンスをするともう1羽もダンスをします。

Q オスの発情はどの程度までが対策したほうがいいの？

A 軽度の発情はある程度やむなし

オスの場合は、軽度の発情は様子見です。また、季節性の一時的な発情であればおさまるのを待ってもよいでしょう。発情の強さは、求愛行動、吐き戻し、交尾行動の頻度で判断します。日に数回見かける程度であれば、軽度の発情と判断でき、頻繁に執着したような発情行動が見られるようであれば、強い発情と判断します。医学的には精巣の発達があれば発情対策が必要ですし、病院で調べて精巣が発達していないのであれば発情行動はあまり気にしなくて良いと思います。

Q おしゃべりが得意だと精巣の病気になりやすいの？

A 病気になるかはともかく、発情が強い傾向はあります

おしゃべりが得意かどうかは個体差によります。よくしゃべることが精巣の病気に直結するわけではありません。ただし、発情が強い子のほうがおしゃべりが得意な傾向にあります。でもおしゃべりを制限するのではなく、食事制限で発情をコントロールしましょう。

Q オスの発情吐出と病的な吐き気の見分け方は？

A 何に吐いているかが大事

発情吐出は求愛行動の一環なので、とまり木や指などの目標物に向かって吐き戻します。そして吐いた後にそれをまた食べたりもします。病的な場合は、目標物に向かってではなく、突発的にえづきます。そして口に戻ってきたエサを頭を横に激しく振りながら撒き散らすので、頭の羽が汚れたりします。吐いた後は目をつぶって調子が悪そうな様子も見られることがあります。

Q 吐き戻しは食べても大丈夫ですか？

A 大丈夫です

吐いてすぐに食べるなら通常の行動なので問題ありません。ただ、吐いてしばらく経ったものを食べるのはあまりよくありません。細菌やカビが繁殖してしまう可能性があるのでやめさせましょう。吐い

たものはなるべくすぐに掃除しましょう。

Q 毎日何度も吐くところから、2～3日に一度は吐くところまで改善しました。どのくらいがゴールなの？

A すでに効果は出ています

ゴールはできればまったく吐かなくなるのが理想ですが、それには完全に発情を止める必要があります。お家での対策だけでオスの発情を完全に止めるのは難しいので、毎日何度も吐くところから、2～3日に一度吐く程度であれば、かなり対策効果が出て発情が軽減できている状況といえると思います。今後も対策を続けて、元に戻らないようにしていきましょう。

Q まだ一度も産卵したことがないのですが、かえって不健康なのでしょうか？

A 卵は産まないのがベター

産卵を経験したほうがいいですか、若いうちに産卵しておいたほうがいいですか、という質問はよくいただくのですが、正直なところそれに関するデータがないのでなんともいえません。診療の経験上、若いうちに産んでおいたほうが卵詰まりを起こしにくいということはないと思います。加齢によって卵詰まりを起こすこともあります。医学的には生涯で無精卵・有精卵にかかわらず卵を産まないほうが体の負担は少ないといえます。

Q お腹の中に卵があるのをいち早く見分ける方法は？

A 急激な体重増でわかります

お腹がぽっこりしている場合に、卵があるかどうかを見分けるのは、お腹を触って卵の有無を確認するのが最も確実です（52ページ参照）。しかし鳥をうまく保定できないという飼い主さんも多いと思います。重要な指針になるのが、急激な体重の増加です。卵ができると体重が5〜10％程度突然上昇します。たとえばセキセイインコなら、前の日は40gだったのに、翌日に急に43gになったりします。

Q フォージングをしても興味を持ってくれません

A 少しずつ練習を

フォージングを試しても、鳥が必ずしも期待通りに興味を示したり、行動するとは限りません。鳥にも好みがありますし、新しいものは怖がることもあります。こちらで選んだものに興味を向けさせるのではなく、普段の鳥の行動や好むものを分析して、いろいろと用意して、鳥自身に選んでもらうのがよいと思います。いきなりフォージングトイなどを使いこなす子もいますが、もちろんそうできない子もいます。その場合は、ちょっとずつ慣れるように導いてあげましょう。飼い主さんが少しずつ使い方を教えたり根気よく慣らし、鳥と一緒にスモールステップを積み重ねていくことが大事です。新しいものを怖がらないようにするためには、幼少期からいろいろな物を見せたり、触らせたりする経験をさせるとよいでしょう。

Q 放鳥中はずっと鏡やステンレスを見て吐き戻しをして同居鳥とも遊びません。

A ほかの楽しみを見つけてあげましょう

ほかに鳥がいるのに一緒に遊ばないのは、ヒナの時に1羽で人に育てられたからかもしれません。そして、おそらく光る物が超常刺激になっているのではないでしょうか。その子にとっては光る物が何よりも惹かれるもののようです。没頭して吐き続けるというのは、鳥にとってはかなり暇つぶしになる行動です。吐くのをやめさせるには、刺激になる物は隠して食事制限をしつつ、空腹を利用して好きなごはんで釣って運動させるのがよいと思います。こっちだよといって飛んできたら1粒あげ、飛んできたら1粒あげ、など。まずは体を動かして少しでもほかのことに興味が向くような環境をつくってみましょう。吐き戻しのほかにもこんな楽しいことがあるんだよ、というのを鳥に覚えてもらうのがいいのかなと思います。

Q 発情中はどんな遊びをすればいいの?

A 遊びより刺激しないコミュニケーションを

発情中の鳥は、遊ぶことよりも繁殖に関連する行動を取ろうとします。遊びは本来はやることがない時に行われる行動なので繁殖に関するタスクをこなそうとしている限り、それを忘れて遊ぼうとはしません。なので遊ぶというよりも、刺激しないコミュニケーションが大切です(151ページ参照)。

Q 加齢で発情は治りますか？

A 治りません

鳥のメスには、人と違って閉経がありません。寿命の半ばになっても発情の頻度や程度はあまり変わりません。ただし、老齢になると発情の頻度や程度が減少する傾向はあります。それでも個体差がとても大きく、老齢になっても卵ができることもありますし、スリスリをするオスもいます。発情行動が見られる場合は、老齢だからといって安心せずに発情対策を続ける必要があります。老齢期の発情対策は基本的に若い時と同様ですが、注意が必要なのは、温度を下げすぎないことです。老齢になると自律神経の働きが衰えてくるので、体が冷えてもすぐに体温を上げることができず、調子を崩してしまうのです。老齢であっても食事制限やホルモン療法薬での治療も可能です。ただし、くれぐれも無理は禁物です。

Q 高齢で殻がない卵を産むように。カトルボーンでカルシウムを補給していますが、これでいい？

A 食事で改善が見られないならホルモン療法薬を

カルシウムを摂取しているのに殻がない卵を産んでしまう場合は、卵管の機能障害が疑われます。これを食事で改善するのには限界があります。殻ができない状態で産卵し続けると卵詰まりを起こす危険があるので、早急にホルモン療法薬で発情を止めることをおすすめします。

Q 交尾は止めたほうがいい?

A 人が止めるのはNG

ペアが交尾を始めたのを見かけても、飼い主さんが引きはがさないようにしてください。すでに発情しているから交尾をしているのであって、鳥に罪はありません。鳥のQOLが下がるような行為はやめましょう。有精卵が生まれては困るという方もいるかと思いますが、それは人のエゴに過ぎません。そうした環境で育てていることに責任があると考えましょう。また、交尾や産卵をしてしまうということは発情対策が遅れており、効果が出ていないことの表れです。オス・メスともに食事制限をしっかりと行いましょう。

Q 食べていないのに太る場合はどうすればいいのでしょうか。

A 運動しましょう

野生ではいつも十分に食物が得られるわけではないため、鳥の体はサバイバルモードに突入しやすくなります。こうなると体は副腎皮質ホルモン(コルチコステロン)を多く分泌し脂肪を蓄えやすくなります。そして活動量を下げ、生命を守ろうとする本能が働きます。これを突破するには運動量を増やすしかありません。運動でカロリーを消費させることで食事量を増やし、副腎皮質ホルモンが過剰に分泌されるのを抑えることができます。

Q

一人暮らしで働いているので、食事は朝と夜の2回ですが、夜はがっついて食べてしまって心配です。お腹にごはんが何もない時間はどのくらいなら問題ないのでしょうか。

A

8～9時間は問題なし。体重測定で健康管理をしっかり！

たとえば朝8時に家を出る時にごはんをあげ、帰宅時の夕方5時にあげた場合を考えてみましょう。鳥の場合、一度口に入れたものはすぐ消化されるわけではありません。ごはんはまずそ嚢《のう》に溜まり、消化しやすいように柔らかく寝かされます。たとえばセキセイインコの場合は、そ嚢から消化器へと移行するのに目安として1gにつき1時間ほどかかります。朝2gあげたら2時間後にはそ嚢から胃の中へと移行します。胃の中で消化し、お腹が空っぽ状態になるには約3～4時間かかります。この時間がお昼ぐらいにもごはんをあげたほうが良いという根拠になりますが、食事と食事の間が空いたとしてもすぐに空腹になるわけではなく、すぐに死んでしまうというわけでももちろんありません。体重が維持できていて、鳥が元気であれば1日2回のごはんでもそれほど心配はありません。

本来、野生では夕方の日が落ちる前にエサを食べて、次の日の朝まで夜間は食べません。もちろん昼にエサを探している間にちょこちょこと食べたりはします。でも夜間の8～9時間は何も食べない時間なので問題ありません。

ただし、もし飼い主さんの都合がつくのであればですが、お昼にもあげられれば空腹感やがっつき食べの軽減にはつながるはずです。1日2回しかごはんがあげられない場合は、特に毎日の体重測定だけはしっかりと行って、健康管理をしましょう。

Q 食事制限しながら食事のバリエーションを増やす方法はありますか？

A 絶好のチャンスです

食事制限を始めたての頃は、お腹が空いています。実は食に対する興味が増えている状態なので、いろいろなごはんを試すチャンスです。偏食に困っているようであれば、より健康な食事を。完全シード食であれば、ペレットを試すチャンスでもあります。

Q 食事制限中、果物などの糖分が高いものを与えてもいい？

A もちろん与えてOK

果物に過剰に反応する方もいますが、目標体重が維持できていれば果物を与えてかまいません。むしろ食の楽しみを広げるという意義や、飼い主さんと同じものを食べる喜びもあります。果物は特に果食性の鳥には必要なものです。常に体重を見ながら、与える量を調整すると良いでしょう。

Q 食事制限していると、シードの殻まで食べてしまいます…。

A むしろペレットを食べられる素質があるのかも

殻を食べても体に問題はありません。ただ、カロリーにはならず繊維が多いので、鳥が食べきったらなるべく殻を取り除いてあげたほうがいいと思います。殻を食べるくらい空腹なのであれば、ペレットも与えて切り替えを試みてみましょう。

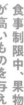

Q 体重は正常範囲内ですが、うちの子は体が小さめです。食事制限をしても大丈夫？

A 適正体重を維持できるなら大丈夫

小柄な子でも適正体重を維持できていれば食事制限をしても問題ありません。気をつけたいのは、油断して「このくらいのごはんの量なら体重維持できるよね」と体重測定せずに飼い主さんが長期間思い込んでしまうパターンです。久しぶりに体重を量ったらいつの間にかすごく痩せていた・太っていた、ということが起こりやすいので注意しましょう。

Q 発情と換羽が一緒に来た時はどうしたらいいですか？

A ホルモン療法薬の検討を

野生下の換羽は繁殖期の前と後に起こるもので、通常は発情と換羽は同時になりません。しかし飼育下では、オスは発情中でも換羽がくることは普通にみられることなので心配ありません。しかし、メスの場合は、ホルモンバランスが崩れている可能性があるので、ホルモン療法薬による発情抑制を検討すべきです。換羽期はタンパク質要求量が増えるため、完全シード食であれば、大豆ミールや乾燥酵母などでタンパク質を増やしましょう。ペレット食ならラウディブッシュのブリーダータイプやハリソンのハイポテンシーを与えましょう（80ページ参照）。

Q 文鳥の多頭飼いです。仲の悪いオスのさえずりでも、反応している気がします。

A 嫌いなオスの歌でも発情します

オスの声を聴くと、それがペアでなくともメスにとっては発情の刺激になってしまいます。野生では群れで暮らしているので、ある程度のナワバリはあっても同じ地域・環境で暮らしているため、周囲に発情してさえずるオスがいることは繁殖期の到来を意味します。飼育下の多頭飼いでも同じ状況が起きてしまうのです。多頭飼いの場合は1羽だけを対策するのではなく、刺激になっているオスのほうも発情抑制のために食事制限をしましょう。

Q 手乗りではなかったのですが、飼い主への発情がきっかけで距離が縮まり、手乗りになりました。このまま発情を抑えられますか？

A ふたりの絆を大事にして食事制限を

飼い主さんをペアと認識したのであれば、絆は簡単には切れないはずです。お互いにペアとしてこれまで通りのコミュニケーションをとりながら、関係性を大切にしてください。接し方は変えず、食事制限で発情を抑制しましょう。

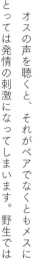

Q 産卵した卵に興味を持たず、見つけると怒ったように追いかけ回します。

A 鳥の個性を受け入れましょう

行動自体に問題はないので、気にする必要はありません。野生でも卵に興味をもたないケースは見られます。鳥の個性と受け止めましょう。卵を見て「なんだこれ」と怒っている様子ならば、早めに取り除いてかまいません。

Q とまり木にスリスリしてお尻周りの毛がなくなったので木のステージに変えたけど、問題ない？

A 発情を起こさないとまり木を探して

スリスリが多いと、お尻周りの羽が擦り切れたり、お尻の中の粘膜が切れて下血することもあるのでその対策としては効果的だと思います。ただし、健康な鳥がステージにずっと立っているのはあまりよくありません。踵《かかと》で体重を支えていると、踵に褥瘡《じょくそう》ができることがあります。スリスリをしなくなったら、またとまり木に戻して様子を見ることをおすすめします。そして、違う形や色のとまり木を試して、スリスリを誘発させないとまり木を探しましょう。とまり木の位置を変えるだけでスリスリをやめることもあります。

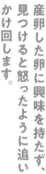

おわりに

この本を読んでいただき、心より感謝いたします。鳥の発情がいかに体に影響し、発情抑制がいかに大切であるかをご理解いただけたかと思います。また、鳥たちの性衝動についても理解を深め、発情抑制をすることが、鳥の動物福祉につながることにもご理解をいただけたのではないかと思います。

発情抑制を継続することは、飼い主さんの生活スタイルによっては負担と感じる場合もあるかもしれません。また、うまく効果が出なかったり、鳥が思うようにしてくれないとイライラしてしまうこともあるでしょう。鳥がしてほしくないことをしたり、こちらの意図に反する行動をとった場合に怒りっぽくなってしまうこともあることでしょう。しかし、どれも自然なことだと思います。

ペットが自分の思い通りになってくれると、人は「いい子」と表現します。ではその思い通りにならない子は悪い子でしょうか。いい子ではないのでしょうか？　そんなことはないですよね。そして鳥たちは誰かの期待に沿うために生まれてきたのでもありません。飼い主さんのもとにご縁があって来てくれたのですから、そのことに感謝をして、個性を認めてあげましょう。

そして、鳥の気持ちになって、なぜこちらの意に反することをしているのかを考えてみましょう。もしかしたら飼い主さんの注意を惹きたいのかもしれませんし、ケージから出たいのを我慢したり、ストレスを発散しているのかもしれません。もしくはこちらの伝え方ややり方に工夫が足りず、鳥たちにうまく伝わっていないだけなのかもしれません。

いずれにせよ、大切なのは飼い主さんが自分自身を責めないことです。誰しもが時には我慢できない瞬間があります。感情に任せて行動するのは良くないことですが、その感情自体を否定する必要はありません。怒ったり落ち込んでしまう時はまず深呼吸をして、自分を許してあげてください。鳥の行動や個性を変えることはできませんが、自分は変えることができます。

さまざまな経験を通して、そして鳥への接し方を変えることで、飼い主として成長していくことができると思います。それは鳥が私たちに教えてくれているることであり、飼い主さんの成長を鳥が助けてくれていると捉えても良いかもしれません。

最後に、本書を作成するにあたり、X（旧Twitter）にて本書に関するアンケートにご回答くださった方々、画像と動画を提供してくださった方々、本書の編集にご尽力くださったグラフィック社の荻生さん、挿絵のご協力をいただいたBIRDSTORYさん、ソネタフィニッシュワークさん、そしてたくさんの経験を与えてくれた多くの鳥たちに深謝します。

本書が飼い主さんにとってより良いバードライフがおくれる一助となることを願っています。

横浜小鳥の病院院長　海老沢和荘

Special Thanks

写真提供（飼育用品）

・株式会社マルカン
・KiriToriSen
・Birds' Grooming Shop

写真提供（画像・動画を提供いただいたみなさま）

・一大事きょうこ　@kyoko_ichidaiji
・うさ彦　@0315Miwa
・かりがね　@Kari_Gane_
・黄ハルのキスケ君　@kikkichanmarch
・きょんWonderful Opportunity @0225Dai
・くーさん　@ku_chibi_rin
・白い鳥　@pthannelhiro
・鳥頭乃芋　@15_slippy
・なおピッピ@インコの民　@Inaritonakama
・ニャンズとインコ様の下僕　@gumu_olap
・鳩　@10pun
・ぴょろり　@mofupyorori
・ぼんじゃ　@borichang
・み～の@忍者インコのそらうめくうはな　@MMami981010
・むぎの飼い主　@princessMUGI92
・ゆうり　@ulfuls_soulful
・りーな　@ri__e__na
・aki @sophie3maria
・Kazuma Takezaki @KazumaTakezaki
・mii @meat_731
・omiya @omiya31147275
・S.A.T.O. @SATO49311603
・tokyoShiori　@tokyoshiori
・yamagonn(やまごん)　@yamagonn_twt
・いんこ日和　@Parakeet_PandG
・一樹　@kazuRS
・きこ　@kiko_mt
・きよら　@kiyora_MH
・きりこ　@kotaraifukuyuki
・くうぴっぴ　@OKAME5521
・しろきな - no inko no life - @shirochan_kina
・とりっ子　@AmVtgq
・ニトリン　@mipo_ring
・はじめママ　@pandapan0612
・パロ.com @palodotcom
・ボタンインコのピコキリ　@picobotan1015
・ぼんすー　@bon___chan
・モモコ　@BboxG0
・ゆきりん　@HeroesDb
・りん＆アイちゃん　@rinriniris
・k @pyooonka
・LOVE　BIRDS @laxmibird
・Nakarika @LiccaRin3
・Saku @Omochi_Ramune
・SWEETFISH @arrre_u_korrrn
・tom.noa.lua　@tom0408noa0303

（敬称略、五十音順）

このほか、著者のX（旧Twitter）にてたくさんの飼い主さんからアンケートのご協力・ご回答をいただきました。あらためて御礼申し上げます。
アンケート実施日：2023年7月7日
アンケート回答数：2207名

参考文献

※行頭のノンブルは本書の参照ページです。

【1章】

P.13○ 石川創. 動物福祉とは何か. 日本野生動物医学会誌. 2010;15(1):1-3.

P.18○ King AS, McLelland J. Birds their structure and function 2nd ed. Baillière Tindall, 1984.

P.24○ リチャード・ドーキンス. 利己的な遺伝子〈増補新装版〉. 紀伊國屋書店, 2006.

【2章】

P.30~69○ 海老沢和荘. エキゾチック臨床シリーズ Vol.1 飼い鳥の診療　第二版 診療法の基礎と臨床手技. 学窓社, 2019.

P.30~69○ Hudelson KS, Hudelson P. A brief review of the female avian reproductive cycle with special emphasis on the role of prostaglandins and clinical applications. J Avian Med Surg. 1996;10:67-74.

P.30~69○ Sharp PJ. Strategies in avian breeding cycles. Anim Reprod Sci. 1996;42:1-4.

P.33~63○ Luescher AU. Manual of Parrot Behavior. Blackwell Publishing, 2006.

P.34○ Spoon T, Milliam J. The importance of mate behavioral compatibility in parenting and reproductive success by cockatiels, *Nymphicus hollandicus*. Anim Physiol. 2006;71:315–326.

P.35,62○ Soma M, Iwama M. Mating success follows duet dancing in the Java sparrow. PLOS ONE. 2017;12:e0172655.

P.41,54○ Lovette IJ, Fitzpatrick JW. THE CORNELL LAB OF ORNITHOLOGY HANDBOOK OF BIRD BIOLOGY 3rd ed. WILEY, 2016.

P.51○ Dacke CG, et al. Medullary Bone and Avian Calcium Regulation. J Exp Biol. 1993;184 (1):63-88.

P.59○ Zhang JX, et al., Uropygial glandsecreted alkanols contribute to olfactory sex signals in budgerigars. Chem Senses. 2010;35:375-382.

P.59○ Zhang JX, et al., Uropygial gland volatiles may code for olfactory information about sex, individual, and species in Bengalese finches *Lonchura striata*. Curr Zool. 2009;55:357-365.

P.33~39, P.44~47○ Kavanau L. Behavior and evolution: lovebirds, cockatiels, and budgerigars. Science Software Systems. Los Angeles, 1987.

P.42○ 小川清彦ら. 雄日本ウズラ(Coturnix coturnix japonica)の排泄腔腺由来泡沫様物質の受精に及ぼす影響. 鹿児島大学リポジトリ. 1973;35-40.

P.44~46○ Hutchison RE. Influence of oestrogen on initiation of nesting behavior in female budgerigars. J Endocrinol. 1975;64:417-428.

P.51~57○ Scanes CG. Sturkie's Avian Physiology 7th ed. Academic Press, 2022.

P.67,149○ Yuta T, et al. Simulated hatching failure predicts female plasticity in extra-pair behavior over successive broods. Behav Ecol. 2018;29:1264-1270.

【卵にまつわるQ&A】

P.74○ Banaszewska D., et al. Assessment of budgerigar (*Melopsittacus undulatus*)

hatching in private breeding. Acta Sci Pol Zootech. 2014;13(3):29-36.
P.80,83○ Kennedy ED. Determinate and indeterminate egg-laying patterns—a review. Condor. 1991;93;106-124.
P.81○ Millam JB, et al. Egg production of cockatiels (*Nymphicus hollandicus*) is influenced by number of eggs in nest after incubation begins. Gen Comp Endocrinol. 1996;101:205-210.
P.81○ Myers SA, et al. Plasma LH and prolactin levels during the reproductive cycle of the cockatiel (*Nymphicus hollandicus*). Gen Comp Endocrinol. 1989;73:85-91.

【3章】

P.94~167○ 海老沢和荘. エキゾチック臨床シリーズ Vol.1 飼い鳥の診療　第二版 診療法の基礎と臨床手技. 学窓社, 2019.
P.97○ Earle KE, Clarke NR. The nutrition of the budgerigar (*Melopsittacus undulatus*). J Nutr. 1991;121:186S–192S.
P.124○ Gonzaga de Carvalho TS, et al. Reproductive Characteristics of Cockatiels (*Nymphicus hollandicus*) Maintained in Captivityand Receiving Madagascar Cockroach (*Gromphadorhina portentosa*) Meal. Animals. 2019;9:312.
P.124○ Houston DC, et al. The source of the nutrients required for egg production in zebra fnches *Poephila guttata*. J Zool. 1995;235:469-483.
P.130○ Coulton LE, et al. Effects of foraging enrichment on the behaviour of parrots. Anim Welf. 1997;6:357-64.
P.134~143○ Hudelson KS. A review of the mechanisms of Avian reproduction and their clinical applications. Semin Avian Exot Pet Med. 1996;5:189-198.
P.135○ Shields KM, Yamamoto JT, Millam JR. Reproductive behavior and LH levels of cockatiels (*Nymphicus hollandicus*) associated with photostimulation, nest-box presentation, and degree of mate access. Horm Behav. 1989;23:68-82.
P.136○ Saito N, et al. Seasonal changes in the reproductive functions of Java Sparrows (*Padda ryzivora*). Comp Biochem Physiol. 1992;101:459-463.
P.137○ https://sunrise.maplogs.com/ja/northern_territory_australia.12588.html
P.138○ https://sunrise.maplogs.com/ja/special_capital_region_of_jakarta_indonesia.1076.html
P.147,228○ Tobin C, et al. Does audience affect the structure of warble song in budgerigars (*Melopsittacus undulatus*)?. Behav Processes. 2017;163:81-90.
P.165○ Crino OL, et al. Stress reactivity, condition, and foraging behavior in zebra finches: effects on boldness, exploration, and sociality. Gen Comp Endocrinol. 2017;244:101-107.

【4章】

P.178○ Altman RB, et al. Avian Medicine and Surgery. WB Saunders, 1997;12-26.
P.181○ Schoemaker NJ. Gonadotrophin-Releasing Hormone Agonists and Other Contraceptive Medications in Exotic Companion Animals. Vet Clin North Am Exot Anim Pract. 2018,;21:443-464.
P.181○ Bowles HL, Zantop DW. Management of chronic egg laying using Leuprolide

acetate. Proc Annu Conf Assoc Avian Vet. 2000;105-108.
P.181 ○ Bowles HL, Zantop DW. Management of cystic ovarian disease with Leuprolide acetate. Proc Annu Conf Assoc Avian Vet. 2000;113-117.
P.181 ○ Bowles HL. Update of Management of Avian Reproductive Disease with Leuprolide Acetate. Proc Annu Conf Assoc Avian Vet. 2001;7-10.
P.181 ○ Klaphake E, et al. Effects of Leuprolide Acetate on Selected Blood and Fecal Sex Hormones in Hispaniolan Amazon Parrots (*Amazona ventralis*). J Avian Med Surg. 2009;23:253-262.
P.183 ○ Zandi N, et al. Letrozole administration as a new way of regulating reproductive activity in female quail. J Appl Poult Res. 2019;28:1288-1296.
P.184 ○ Lupu CA. Evaluation of side effects of tamoxifen in budgerigars. J Avian Med Surg. 2000;14:237-242.
P.185 ○ Petritz OA, et al. Evaluation of the efficacy and safety of single administration of 4.7-mg deslorelin acetate implants on egg production and plasma sex hormones in Japanese quail (*Coturnix coturnix japonica*). Am J Vet Res. 2013;74:316-323.
P.185 ○ Petritz OA, et al. Evaluation of the effects of two 4.7mg and one 9.4mg deslorelin acetate implants on egg production and plasma progesterone concentrations in Japanese quail (*Coturnix coturnix japonica*). J Zoo Wild Med. 2015;46:789-797.
P.185 ○ Summa NM, et al. Evaluation of the effects of a 4.7-mg deslorelin acetate implant on egg laying in cockatiels (*Nymphicus hollandicus*). Am J Vet Res. 2017;78:745-751.

【5章】
P.190~210 ○ 海老沢和荘. エキゾチック臨床シリーズ Vol.10　飼い鳥の鑑別診断と治療 Part 2. 学窓社, 2013.
P.190~210 ○ Romagnano A. Avian obstetrics. Semin Avian Exot Pet Med. 1996;(5):180-188.
P.190~210 ○ Bowles HL. Reproductive diseases of pet bird species. Vet Clin North Am Exot Anim Pract. 2002;5:489-506.
P.190~210 ○ Scagnelli AM, Tully Jr TN. Reproductive Disorders in Parrots. Vet Clin North Am Exot Anim Pract. 2017;20:485-507.

【巻末付録】
○ Forshaw JM. Parrots of the World. Tfh Pubns Inc, 1978.
○ Morcombe MK. Field Guide to Australian Birds. Steve Parish Publishing, Australia, 2000.
○ Alderton D. The Ultimate Encyclopedia of Caged and Aviary Birds. Hermes House, London, 2003.
○ Budgerigar; Animal Diversity Web. https://animaldiversity.org/accounts/Melopsittacus_undulatus/
○ Green-cheeked Parakeet; Animal Diversity Web. https://animaldiversity.org/accounts/Pyrrhura_molinae/
○ Collar, N. and P. F. D. Boesman (2020). Green-cheeked Parakeet (*Pyrrhura molinae*), version 1.0. In Birds of the World (J. del Hoyo, A. Elliott, J. Sargatal, D. A.

Christie, and E. de Juana, Editors). Cornell Lab of Ornithology, 2020.
- Cockatiel; Animal Diversity Web. https://animaldiversity.org/accounts/Nymphicus_hollandicus/
- Rosy-faced lovebird; Animal Diversity Web. https://animaldiversity.org/accounts/Agapornis_roseicollis/
- Fischer's lovebird; Animal Diversity Web. https://animaldiversity.org/accounts/Agapornis_fischeri/
- Yellow-collared lovebird; Animal Diversity Web. https://animaldiversity.org/accounts/Agapornis_personatus/
- Bourke's parrot; Animal Diversity Web. https://animaldiversity.org/accounts/Neopsephotus_bourkii/
- Java finch; Aviculture Hub. https://www.aviculturehub.com.au/java-finch/
- Zebra finch; Animal Diversity Web. https://animaldiversity.org/accounts/Taeniopygia_guttata/
- Pacific parrotlet; Birds of the World. https://birdsoftheworld.org/bow/species/pacpar2/cur/introduction
- Japanese quail; Animal Diversity Web. https://animaldiversity.org/accounts/Coturnix_japonica/
- White-bellied parrot; Animal Diversity Web. https://animaldiversity.org/accounts/Pyrrhura_molinae/
- Clement P, et al. Finches and Sparrows. Helm, 1993.
- Sun parakeet; Animal Diversity Web. https://animaldiversity.org/accounts/Aratinga_solstitialis/
- Monk parakeet; Animal Diversity Web. https://animaldiversity.org/accounts/Myiopsitta_monachus/
- Common pigeon; Animal Diversity Web. https://animaldiversity.org/accounts/Columba_livia/
- Grey parrot; Animal Diversity Web. https://animaldiversity.org/accounts/Psittacus_erithacus/
- White cockatoo; Animal Diversity Web. https://animaldiversity.org/accounts/Cacatua_alba/
- Blue-and-yellow macaw; Animal Diversity Web. https://animaldiversity.org/accounts/Ara_ararauna/

20 鳥種別 発情抑制対策・お役立ちシートの使い方

発情に関する情報を巻末付録に記載しています。

ご自宅の鳥さんと同じ種類のところを切り取って、普段からよく目にする場所に張ったり、手帳などに入れておくのがおすすめです。

発情に関する情報は鳥種ごとに異なります。「うちの子」に合った正しい情報を常に把握しておきましょう。

「目安体重」「1日の食事量」などの健康にまつわる数字から、「発情行動」「1回の産卵時に産む卵の数（1クラッチ）」なども。日々の発情抑制対策に使用ください。

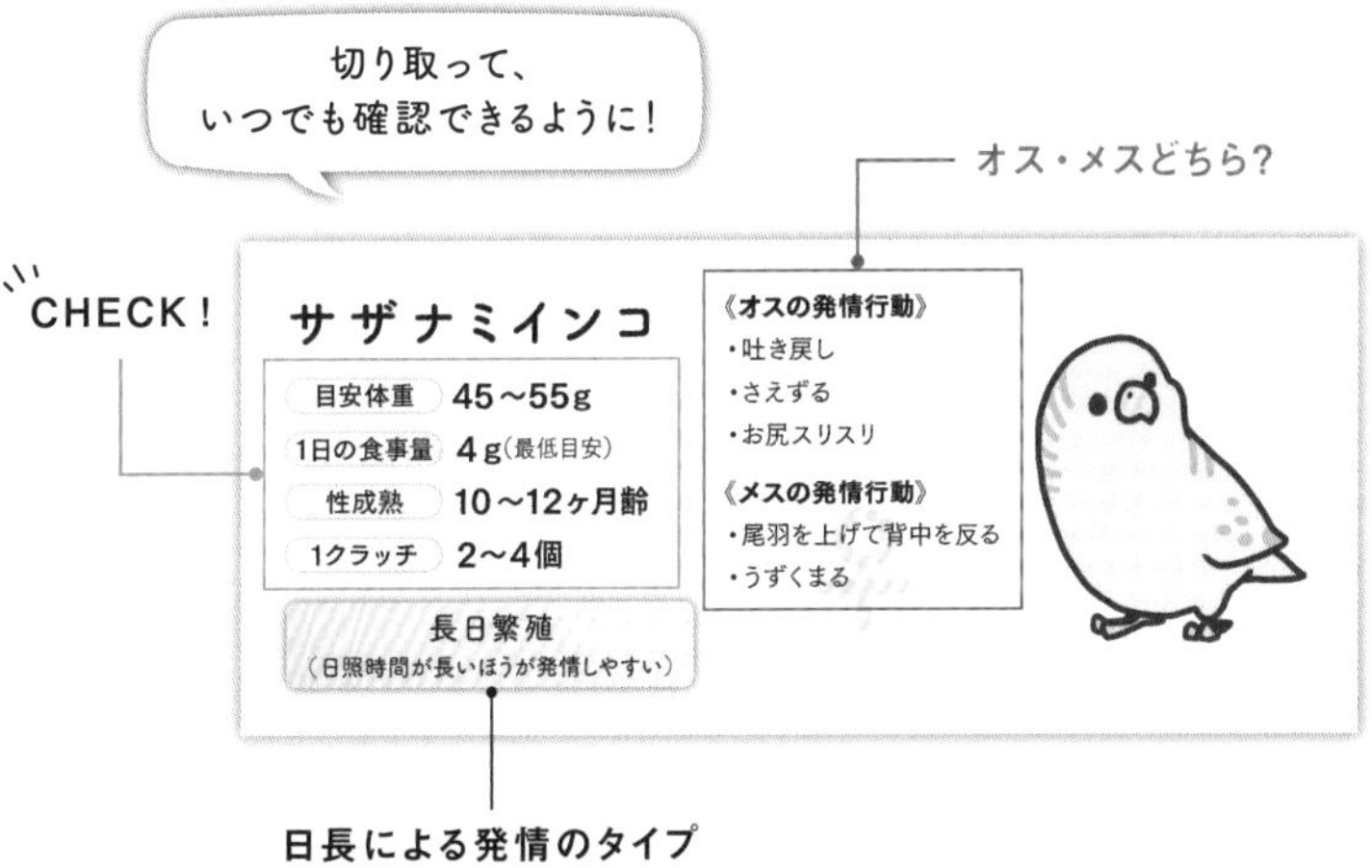

海老沢和荘

横浜小鳥の病院院長。獣医学博士。
鳥専門病院での臨床研修を経て、1997年にインコ・オウム・フィンチ、その他小動物の専門病院を開院。鳥類臨床研究会顧問、日本獣医エキゾチック動物学会、日本獣医学会、Association of Avian Veterinarians所属。著書に『鳥のお医者さんのためになるつぶやき集』（グラフィック社）ほか多数。

〈 Staff 〉

イラスト　BIRDSTORY
　ソネタフィニッシュワーク
デザイン・DTP　黒須直樹
編　集　荻生　彩（グラフィック社）

鳥のお医者さんの「発情」の教科書

2024年3月25日　初版第１刷発行
2024年4月25日　初版第２刷発行
著　者　海老沢和荘
発行者　西川正伸
発行所　株式会社グラフィック社
〒102-0073
東京都千代田区九段北1－14－17
TEL 03-3263-4318（代表）　FAX03-3263-529
https://www.graphicsha.co.jp/
印刷・製本　図書印刷株式会社

定価はカバーに表示してあります。
乱丁・落丁本は、小社業務部宛にお送りください。小社送料負担にてお取替え致します。

ISBN 978-4-7661-3855-9　C0076